HOME
BAKING

홈 베이킹 시크릿 클래스

SECRET
CLASS

NANDODEMO TSUKUTTE, TABETAKUNARU HONTO NI OISHII OKASHI NO TSUKURI KATA
©marimo 2022

First published in Japan in 2022 by KADOKAWA CORPORATION, Tokyo.
Korean Translation rights arranged with KADOKAWA CORPORATION, Tokyo through Shinwon Agency Co., Seoul.

HOME BAKING

홈 베이킹 시크릿 클래스

SECRET CLASS

시작하며

　제가 "사실 저는 단것을 안 좋아해요."라고 말하면 사람들은 "정말요? 제과사
인데요!?" 하며 놀라곤 합니다. 어린 시절에 과자를 먹던 버릇이 없어서인지 단
것을 그리 좋아하지 않았어요. 그러다 대학생 때 전환기를 맞았습니다. 아르바이
트를 하던 가게에서 판매하는 수제 구움과자를 맛보고 '그리 달지 않고 맛있네!'
하며 감격했어요. 그 후로 내 취향에 맞는 구움과자를 직접 만들면 좋겠다는 생
각에 베이킹 클래스에 다녔고, 회사원이 되어서도 제과 학교에 입학했어요. 그렇
게 구움과자에 푹 빠진 나날을 보내다, 결국 제과를 직업으로 삼게 되었답니다.

　저는 레시피를 고안할 때 '달지 않은 구움과자를, 한 번에 먹기 좋은 크기로,
정성껏 만드는 것'을 중시합니다.
　단맛과 다른 재료가 지닌 맛의 균형을 맞춰서 달기만 한 맛을 내지 않도록 신
경을 씁니다. 그래서인지 단것을 즐기지 않는 사람도 좋아하시더라고요.
　한 번에 먹기 좋은 크기로 만드는 이유는 갓 만든 구움과자의 맛을 충분히 만
끽하고 싶기 때문입니다. 그리고 같은 구움과자를 많이 먹는 것보다 여러 종류
를 다양하게 맛보면 더 좋잖아요. 저의 레시피는 재료의 양이 적어서 집에서 만
들기도 편할 거예요.
　또한 맛있는 구움과자를 만들기 위해 정성껏 작업하는 것을 목표로 합니다. 버
터와 달걀은 상온 상태가 되었는지, 볼 가장자리에 미처 섞이지 않고 남은 날가
루가 없는지 살펴봅니다. 정성껏 작업해야 할 포인트를 확인하며 만들면 구움과
자가 정말 맛있어져요. 어려운 테크닉은 필요 없답니다.

이 책에서는 초보자도 만들기 쉬운 간단한 구움과자, 선물로 제격인 초콜릿 구움과자, 오븐 없이 만드는 디저트, 마지막에는 한 번쯤 만들어보길 꿈꿨던 디저트를 소개합니다.

레시피마다 꼭 알아야 할 '정성이 담긴 작업'을 뜻하는 'point'를 기재했으니 그대로 따라 해보세요. '이것만 해도 이렇게 맛있어지네!' 하고 느끼게 될 거예요.

맛있는 구움과자를 만들고픈 여러분을 위해 이 책을 만들었습니다. 제가 소개하는 레시피로 구움과자 만들기를 마음껏 즐기신다면 더없이 기쁠 것입니다.

marimo

Contents

4　시작하며

10　이 책에서 사용하는 주재료

12　베이킹 도구

16　블루베리 머핀을 일반적인 레시피로 만들었어요

18　블루베리 머핀을 marimo 레시피로 만들었어요
　　[머핀] 블루베리 머핀

22　쿠키&크림 머핀 | 딸기 크림치즈 머핀

24　시나몬 건포도 머핀

26　베이킹에서 중요한 점 ①
　　오븐을 잘 다루는 법

PART 1

간단한 구움과자를 훨씬 더 맛있게

30
바나나 케이크

34
마들렌

38
[드롭 쿠키]
코코넛 드롭 쿠키

40
[스노우볼 쿠키]
바닐라 스노우볼 쿠키
말차 스노우볼 쿠키

42
[아이스박스 쿠키]
커피 호두 쿠키
참깨 쿠키

46
뉴욕 치즈 케이크

50
[스콘]
플레인 스콘

54
초콜릿 스콘

56
베이킹에서 중요한 점 ②
반죽 섞는 법

58
시폰 케이크

62
말차 시폰 케이크

64
[파운드 케이크]
럼 레이즌 파운드 케이크

68
무화과 캐러멜
파운드 케이크

70
레몬 케이크

PART 2

밸런타인데이에도,
선물로도 좋은 디저트

76
[브라우니]
오렌지 호두 브라우니

80
쵸콜릿 살라미

82
로셰

84
너트 캐러멜리제

86
쿠키 박스

88
작은 쿠키 박스

89
[**응용한 아이스박스 쿠키**]
홍차 쿠키
더블 초콜릿 쿠키

90
투명 케이스에 담은 쿠키

91
마들렌 박스

92
장식품이 되는 진저 쿠키

PART

3

오븐 없이 만드는
초간단 디저트

96
푸딩

100
단호박 푸딩

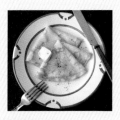

104
슈거 버터 크레이프

106
[**밀 크레이프**]
초콜릿 바나나 밀 크레이프

110
네모 고구마 구이

112
밀크티 판나코타

114
[**아이스크림**]
커피 아이스크림
베리 아이스크림

116
[**젤리**]
포도 젤리
피치 티 젤리

118
[셔벗]
요거트 셔벗
망고 요거트 셔벗

120
과일 찹쌀떡

PART

4

도전해보고 싶은

워너비 디저트

124
[업사이드 다운 케이크]
사과 업사이드 다운
케이크

128
[롤 케이크]
딸기 롤 케이크

132
밤 콩가루 롤 케이크

134
[타르트]
초콜릿 타르트

138   마치며_맛있는 구움과자로 근사한 시간을 보내요

─◇─ 이 책을 읽는 분께 ─◇─

구움과자 이름의 옆이나 아래에 있는 표기는 가장 맛있을 때, 보관 가능 기간, 보관법을 나타냅니다.

[가장 맛있을 때]

(갓 구웠을 때) (완성 후 바로) (다음 날) (차가워도 맛있어요)

• 표기가 없는 구움과자는 보관 기간 중에 변질의 우려가 적다.
• 식물성 기름을 넣은 구움과자는 식어도 딱딱해지지 않는 특징이 있다.

[보관 가능 기간과 보관법]

(당일) (상온에서 ○~○일) (상온에서 ○주)

(냉장실에서 ○~○일) (냉장실에서 ○주) (냉동실에서 ○주)

• 상온은 직사광선, 고온, 다습을 피해 선선한(20~25℃ 정도) 장소를 가리킨다.
• 상온에 보관하는 구움과자도 여름에는 냉장실에 넣는다.

○ 만드는 법의 포인트 부분은 빨간색 글씨로 기재했으니, 빨간색 글씨의 내용을 따라 만들어 보세요.

○ 레시피에서 1작은술은 5㎖, 1큰술은 15㎖입니다.

○ 전자레인지 가열 시간은 600W 제품을 기준으로 합니다. 500W는 시간을 1.2배, 700W는 0.9배로 조절해서 가열하세요.

○ 가열 기기는 가스레인지를 기준으로 합니다. 인덕션은 조리 기기에 적힌 표시를 참고하세요. 불 세기는 별도의 언급이 없으면 중불입니다.

이 책에서 사용하는 주재료

박력분

마트에서 판매하는 '닛신 바이올렛' 밀가루를 사용합니다. 구움과자 만들기에 적합한 박력분입니다. 더 맛있게 만들고 싶으면 쿠키가 바삭하게 구워지는 '에크리튀르' 밀가루, 케이크가 촉촉하게 구워지는 '돌체' 밀가루를 사용해보세요.

그래뉴당

제과용 설탕은 특유의 맛이 나지 않는 그래뉴당이 좋습니다. 저는 제과 재료를 파는 인터넷 쇼핑몰 cotta에서 자체 생산하는 그래뉴당을 사용합니다. 입자가 곱고, 다른 재료와 잘 섞이는 특징이 있어요.

베이킹파우더

구움과자에 넣는 팽창제. 가루 재료와 함께 체로 쳐서 사용합니다. 조금만 넣어도 잘 부풀어 오르니 레시피대로 계량하고, 지나치게 많이 넣으면 안 돼요. 사진의 '럼포드' 제품은 알루미늄이 들어 있지 않아서 추천합니다.

버터

무염 제품을 사용합니다. 소금을 조금이라도 넣으면 맛이 강하게 느껴지므로 주의해야 합니다. 저는 버터 특유의 풍미가 강한 발효 버터를 주로 사용해요. 일반 버터와 큰 차이가 없는 가격으로 제과 재료 상점에서 살 수 있어요.

생참기름

버터 대신 식물성 기름을 사용할 때는 순한 생참기름이 좋습니다. 깨를 볶지 않아 참기름 특유의 향이 없어서 구움과자의 맛이 담백해집니다.

플레인 요거트

구움과자에 요거트를 넣으면 반죽이 가벼워집니다. 이 책에서 소개하는 머핀, 레몬 케이크, 시폰 케이크도 요거트의 힘으로 촉촉하고 폭신하게 만듭니다. 당분이 없는 플레인 제품을 사용하세요.

크림치즈

마트에서도 쉽게 구할 수 있는 '필라델피아 크림치즈'를 사용합니다. 이 책에서 소개하는 뉴욕 치즈 케이크는 크림치즈 1통을 다 쓰는 분량으로 만듭니다.

생크림

유지방 함량이 높아야 거품이 잘 올라와서 유지방이 42%인 제품을 사용합니다. 단, 거품을 너무 많이 내면 분리되므로 주의하세요.

아몬드가루

아몬드를 분쇄한 가루입니다. 저는 cotta의 '스페인산 아몬드가루'를 사용합니다. 쿠키 반죽에 넣으면 바삭하게 부서지는 식감을, 케이크 반죽에 넣으면 촉촉한 식감을 더할 수 있어요.

초콜릿

cotta에서 생산하는 얇은 타블렛형 벨기에산 초콜릿은 다질 필요가 없어서 편해요. 쌉쌀한 풍미를 내려면 카카오 함량이 높은 제품을 선택해요. 소량이라면 카카오 함량이 높은 시판 초콜릿을 아무거나 넣어도 맛있어요.

코코아가루

마트에서도 판매하는 '반 호튼 퓨어 코코아'를 사용합니다. 제과에는 설탕과 우유가 첨가되지 않은 순수한 코코아가루를 사용합니다.

바닐라 오일

간편하게 바닐라의 풍미를 낼 수 있습니다. 구움과자에는 바닐라 에센스가 아닌, 구워도 향이 날아가지 않는 오일을 사용합니다. 저는 제과 재료 인터넷 쇼핑몰인 토미즈 상점에서 자체 생산하는 상품을 사용합니다.

젤라틴

분말 형태의 제품이 일반적이지만 그보다 더 빨리 녹는 판 젤라틴이 좋습니다. 1장은 크기가 크니까 잘라서 물에 불리세요.

한천가루

젤라틴과 달리 상온에서도 잘 굳습니다. 젤라틴보다 투명도가 높고, 식감이 부들부들해서 이 책에서는 젤리에 한천가루를 사용합니다.

견과류

이 책에서는 호두와 피스타치오, 믹스 너트를 사용합니다. 레시피에서 미리 구워야 한다고 기재되어 있으면 생 견과류를 오븐에 굽거나 프라이팬에 볶아두세요. 그러면 견과류가 더욱 바삭하고 고소해집니다(사진은 위부터 토미즈 상점의 '믹스 너트 로스트', '하워드 품종 호두').

말린 과일

계절에 상관없이 구할 수 있어서 편해요. 단맛과 풍미가 응축되어 있어서 구움과자의 맛을 살려줍니다. 이 책에서는 말린 무화과, 오렌지 필, 말린 크랜베리를 사용합니다(사진은 위부터 토미즈 상점의 '말린 무화과(터키산) 작은 것', '우메하라 다진 오렌지 필', '말린 크랜베리').

베이킹 도구

꼭 필요한 도구

ⓐ 저울

베이킹의 첫걸음은 재료를 정확히 계량하는 것이죠. 그래서 저울은 꼭 필요해요. 저는 0.1g 단위로 계량할 수 있는 타니타 전자저울을 사용합니다.

ⓑ 온도계

재료의 온도를 측정할 때 사용합니다. 제 레시피에서는 달걀과 버터의 온도가 아주 중요하기 때문에 맛있는 구움과자를 만들려면 온도계를 꼭 준비하길 권합니다. 온도계 끝을 재료에 꽂아 넣어서 온도를 측정하세요.

ⓒ 스테인리스 볼

지름 15, 18, 21cm 제품을 분량에 맞춰 구분해서 쓰세요(사진은 18cm). 자주 쓰는 볼은 18cm입니다. 집에서 만드는 구움과자는 재료의 양이 많지 않아서 볼이 너무 크면 작업 효율이 좋지 않아요. 구분 기준은 아래를 참고하세요.

- 15cm: 달걀흰자 1개를 거품 낼 때
- 18cm: 달걀흰자 2개를 거품 낼 때, 머핀 6개 분량, 마들렌 8개 분량, 쿠키 약 25개 분량
- 21cm: 달걀흰자 3개를 거품 낼 때, 달걀 3개를 거품 낼 때, 스콘을 만들 때

ⓓ 내열 유리 볼

재료를 전자레인지로 가열할 때 사용합니다. 캐러멜을 만들 때처럼 소량만 가열하기도 하니, 작은 사이즈도 준비하면 좋습니다. 뾰족한 주둥이가 있으면 더욱 편해요.

ⓔ 고무주걱

손잡이까지 일체형이면 세척하기 편하고 위생적입니다. 뜨거운 재료에도 쓸 수 있는 내열 제품을 고르는 것이 좋습니다.

ⓕ 핸드믹서

핸드믹서는 거품을 낼 때뿐 아니라 버터와 설탕에 공기를 넣으며 섞을 때도 사용합니다. 쉽고 빠르게 작업할 수 있어서 구움과자를 자주 만든다면 꼭 준비해야 할 도구입니다. 저는 속도를 3단계로 조절할 수 있는 파나소닉 핸드믹서를 사용합니다. 고속으로 올려도 너무 빠르지 않은 것이 특징이에요. 거품을 너무 급하게 내면 설탕이 녹는 속도와 맞지 않아서 다 녹지 않고 남기도 하니 주의하세요.

ⓖ 체

박력분, 베이킹파우더와 같은 가루 재료는 반드시 체로 쳐서 덩어리를 없애야 합니다. 걸쭉한 액체 상태의 반죽에 이물질이 들어가지 않게 하고, 재료의 덩어리를 곱게 걸러내는 용도로도 씁니다. 말차가루처럼 소량의 재료를 칠 때는 작은 사이즈의 체를 사용하는 게 좋습니다.

ⓗ 거품기

재료에 거품을 내거나 섞을 때 사용해요. 길이 24~27㎝ 제품이 쓰기 편해요. 지름 18㎝ 볼에는 24㎝ 길이의 거품기, 21㎝ 볼에는 27㎝ 길이의 거품기가 딱 맞습니다. 저는 철사의 강도와 휘어지는 정도가 알맞고, 가벼워서 팔이 아프지 않은 호테이지루시 제품을 애용합니다. 소량의 재료를 섞을 때는 작은 거품기가 편리해요.

ⓘ 스크레이퍼

윗부분이 둥글고 아랫부분이 일직선인 판 모양의 도구입니다. 둥근 쪽은 가루 재료와 버터를 자르며 섞거나 반죽을 자를 때 쓰고, 일직선인 쪽은 반죽을 고르게 정돈할 때 씁니다.

ⓙ 식힘망

다 굽고 나서 구움과자나 케이크를 식힐 때 사용합니다. 열과 증기가 잘 빠지는 형태입니다.

있으면 편한 도구

ⓚ 빵칼

케이크를 자를 때 쓰면 좋습니다. 뜨거운 물에 담갔다가 행주로 닦거나 불에 양면을 몇 초씩 달궈서 데운 후에 앞뒤로 조금씩 움직이며 자르면 단면이 깔끔해집니다. 다만 빵칼을 너무 많이 데우면 날이 손상되고, 구움과자나 케이크에 바른 크림이 녹아버리니 주의해야 돼요. 날에 묻은 크림은 그때그때 키친타월로 닦아내세요.

ⓛ 적외선 온도계

앞서 꼭 필요한 도구로 ⓑ의 온도계를 소개했는데, 저는 재료에 닿지 않은 채로 표면 온도를 측정할 때는 카이지루시 적외선 온도계(현재는 생산 중단)를 사용합니다. 가격은 접촉식 온도계보다 비싸지만 위생적이고 쓸 때마다 씻을 필요가 없어서 편해요.

● 반죽의 온도 관리에 대해

반죽의 온도를 세세하게 확인하며 작업하면 맛있는 구움과자를 안정적으로 만들 수 있어요. 예를 들어, 쿠키와 파운드 케이크 반죽의 버터, 스펀지 시트 반죽의 달걀, 초콜릿 케이크 반죽의 초콜릿 외에도 차가운 디저트를 만들며 가열하고 식힐 때마다 온도를 측정합니다. 온도계가 없으면 눈으로 보며 상태를 확인하거나 볼에 손을 대보며 온도를 확인하세요.

ⓜ 실팟 타공 매트

망사 형태의 오븐 시트입니다. 오븐용 유산지와 달리 세척하면 계속 쓸 수 있습니다. 구움과자를 구울 때 망사의 틈새로 수분과 기름기가 빠져서 식감이 바삭해지고 가벼워지므로, 쿠키를 만들 때 쓰면 좋습니다.

주로 쓰는 틀

머핀 틀
한 번에 6개를 구울 수 있는 엔도 상사의 양철 머핀 틀 #10을 사용합니다. 손바닥에 올라가는 작은 크기로 구움과자를 만들 수 있습니다.

마들렌 틀
한 번에 8개를 구울 수 있는 마쓰나가 제작소의 조개 모양 틀을 사용합니다. 틀에서 잘 떨어지고, 구웠을 때 색이 예뻐요.

원형 틀
뉴욕 치즈 케이크에는 지름 15cm의 바닥 분리형, 업사이드 다운 케이크에는 지름 15cm의 바닥 일체형 틀을 사용합니다.

파운드 틀
길이 18x폭 8x높이 8cm 틀을 사용합니다. 제가 사용하는 매트퍼의 틀은 반죽이 잘 부풀고, 각이 깔끔하게 나옵니다.

사각 틀
반죽을 낮은 높이로 굽고 싶을 때, 여러 조각으로 나누고 싶을 때 사용해요. 이 책에서는 바나나 케이크와 브라우니에 카이지루시의 15cm 사각 틀을 사용합니다.

롤 케이크 틀
오븐 팬으로 굽기도 하지만 롤 케이크 전용 틀을 사용하면 바닥이 평평해서 더욱 예쁘게 구워져요. 저는 달걀 2개 분량의 재료로 만든 반죽이 들어가는 사방 24cm 틀을 자주 씁니다. 작은 오븐에도 알맞은 크기입니다.

타르트 틀
바닥 분리형을 사용하면 틀에서 꺼내기 편해요. 이 책에서는 초콜릿 타르트에 지름 16cm 틀을 사용합니다.

{ 오븐용 유산지 자르는 법과 까는 법 }

원형 틀

바닥에 까는 둥근 유산지와 옆면용 길쭉한 유산지 2장을 준비한다. 옆면용은 아랫부분을 접어서 1cm 간격으로 가위집을 넣는다.

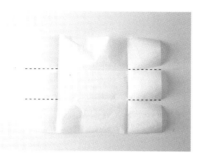 

파운드 틀

[파운드 케이크용]
1장을 사진과 같이 접어서 점선 부분에 가위집을 넣고, 틀 안쪽의 모든 면에 깔아준다.

[시폰 케이크용]
바닥과 좁은 옆면에만 깔아준다. 넓은 옆면에는 유산지를 깔지 않아야 반죽이 착 붙어서 쪼그라들지 않게 구워낼 수 있다.

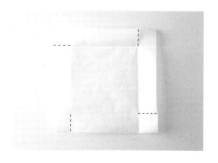 

사각 틀

1장을 사진과 같이 접어서 점선 부분에 가위집을 넣고, 틀 안쪽의 모든 면에 깔아준다.

 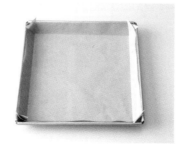

롤 케이크 틀

틀이 크기 때문에 큰 크라프트지를 사용한다. 1장을 사진과 같이 접어서 점선 부분에 가위집을 넣고, 틀 안쪽의 모든 면에 깔아준다. 네 귀퉁이에 비스듬히 가위집을 넣으면 빈틈없이 깔 수 있다.

블루베리 머핀을
일반적인 레시피로 만들었어요

재료를 순서대로 넣고 섞어서 구웠습니다. 베이킹파우더로 반죽을 부풀리므로,
세세한 것까지 신경 쓰지 않아도 실패 없이 축축하고 맛있는 머핀을 만들 수 있어요.

(재료는 marimo의 레시피(p.18)와 동일합니다.)

재료

지름 6㎝ 머핀 틀 6개 분량

무염 버터 60g
그래뉴당 75g
달걀 1개(50g)
┌ 박력분 100g
└ 베이킹파우더 1작은술(4g)
우유 20g
플레인 요거트 20g
블루베리 50g

미리 준비하기

• 틀에 머핀 유산지를 깐다.
• 박력분과 베이킹파우더는 함께 체로 친다.
• 버터와 달걀은 상온 상태로 만든다.
• 블루베리는 물로 씻은 다음 키친타월로 물기를 닦아낸다.
• 오븐은 180℃로 예열한다.

만드는 법

1 볼에 버터를 넣는다. 단단하면 고무주걱으로 풀어준다.

2 그래뉴당을 넣고, 반죽이 하얗게 변할 때까지 거품기로 섞는다.

3 풀어둔 달걀을 넣고, 거품기로 섞는다.

4 박력분과 베이킹파우더를 절반만 넣고, 고무주걱으로 섞는다.

5 우유와 플레인 요거트를 넣고 섞는다.

6 나머지 박력분과 베이킹파우더를 넣고 섞는다. 날가루가 보이지 않으면 블루베리를 넣고 섞어서 반죽을 만든다.

7 머핀 틀에 반죽을 붓는다. 붓기 어려우면 숟가락으로 떠서 채워도 된다.

8 취향에 따라 토핑으로 블루베리(분량 외)를 더 올린다. 오븐 팬에 틀을 올리고 오븐에 넣는다. 약 23분간 노릇노릇해질 때까지 굽는다. 나무 꼬치로 찔렀을 때 걸쭉한 반죽이 묻어나지 않으면 완성이다.

9 하나씩 식힘망에 올려서 식힌다.

{ 일반적인 레시피와 marimo 레시피로 만든 머핀을 비교해보면 }

일반   marimo

일반   marimo

같은 재료여도 조리법이 다르면 반죽이 부풀어 오른 모습이 이렇게 차이가 납니다. 단면을 보면 일반 레시피로 만든 머핀은 조직이 너무 촘촘하고, 큰 기포가 빠져나가지 않고 남아 있어요. 반면 marimo 레시피로 만든 머핀에는 전체적으로 자잘한 기포가 균일하게 퍼져 있는데, 이 작은 기포를 덕분에 촉촉하면서 폭신한 식감이 난답니다.

블루베리 머핀을
marimo 레시피로 만들었어요

한 단계 업그레이드된

Muffin

머핀

블루베리 머핀

박력분을 넣고
자르듯이 섞으면
폭신한 반죽이 된다.

일반적인 레시피로 만들면	✦✦ marimo 레시피로 만들면
○ 반죽이 촉촉해서 맛있다.	◆ 촉촉하면서 폭신하게 완성된다.
	◆ 나도 모르게 2개째에 손이 가는 맛!

핸드믹서로 쉽고 빠르게 만드는

블루베리 머핀

(완성 후 바로) (상온에서 1~2일)

📋 재료

지름 6cm 머핀 틀 6개 분량

무염 버터 60g
그래뉴당 75g
달걀 1개(50g)
┌ 박력분 100g
└ 베이킹파우더 1작은술(4g)
우유 20g
플레인 요거트 20g
블루베리 50g

🍳 미리 준비하기

- 틀에 머핀 유산지를 깐다.
- 박력분과 베이킹파우더는 함께 체로 친다.
- 버터와 달걀은 상온 상태로 만든다.
- 블루베리는 물로 씻은 다음 키친타월로 물기를 닦아낸다.
- 오븐은 180℃로 예열한다.

만드는 법

1 볼에 버터를 넣고, 상온(약 20℃) 상태로 만든다. 버터를 휘저을 때 공기를 끌어모으면 반죽이 부드럽게 부풀고 결이 고와지므로, 미리 상온 상태로 만들어서 잘 섞이게 하는 것이 포인트. 버터가 단단하면 고무주걱으로 으깨서 매끈해질 때까지 풀어준다ⓐ.

2 그래뉴당을 3~4회에 나누어 넣고, 넣을 때마다 핸드믹서로 공기를 품게 하며 섞는다ⓑ. 반죽이 하얗게 변하면 된다ⓒ.

3 풀어둔 달걀을 5~6회에 나누어 넣고, 넣을 때마다 핸드믹서로 섞는다ⓓ. 달걀이 차가우면 버터도 차갑고 단단해져서 잘 섞이지 않으므로, 상온(약 20℃) 상태로 만드는 것이 포인트. 한꺼번에 넣으면 잘 섞이지 않으니 조금씩 넣는다.

4 박력분과 베이킹파우더를 절반만 넣고, 고무주걱으로 자르면서 섞는다. 이때 고무주걱의 날을 세워서 잡고 반죽을 자르듯이 섞는다. 가끔 볼을 돌리며 각도를 바꿔준다. 이렇게 하면 밀가루에 점성(글루텐)이 거의 생기지 않아서 폭신한 반죽이 된다ⓔ.

5 우유와 플레인 요거트를 넣고, 같은 방법으로 섞는다ⓕ.

6 나머지 박력분과 베이킹파우더를 넣고, 같은 방법으로 섞는다. 날가루가 보이지 않으면 블루베리를 넣고 섞어서 반죽을 만든다.

7 머핀 틀에 반죽을 붓는다. 붓기 어려우면 숟가락으로 떠서 채워도 된다.

8 취향에 따라 토핑으로 블루베리(분량 외)를 더 올린다. 오븐 팬에 틀을 올리고 오븐에 넣는다. 약 23분간 노릇노릇해질 때까지 굽는다(오븐에 따라 구워지는 색을 보며 시간을 조절한다). 나무 꼬치로 찔렀을 때 걸쭉한 반죽이 묻어나지 않으면 완성이다.

9 하나씩 식힘망에 올려서 식힌다.

✔ point

버터의 온도를 측정한다. 실온 상태로 만들어서 매끈하게 풀어준다.

✔ point

그래뉴당을 조금씩 나누어 넣으면 버터가 분리되지 않고 폭신하게 섞인다.

ⓐ

ⓑ

ⓒ

✔ point

달걀도 상온 상태로 만들어서 조금씩 나누어 넣는 것이 포인트.

✔ point

가루 재료를 넣고 자르듯이 섞는다. 빙빙 돌리면서 섞으면 안 된다.

ⓓ

ⓔ

ⓕ

간식으로 딱 좋은!

쿠키&크림 머핀 /
딸기 크림치즈 머핀

갓 구웠을 때   상온에서 2~3일

쿠키&크림 머핀

딸기 크림치즈 머핀

쿠키의 식감도 좋고 모양도 예쁜
쿠키&크림 머핀

재료

지름 6cm 머핀 틀 6개 분량

무염 버터 60g
그래뉴당 75g
달걀 1개(50g)
┌ 박력분 100g
└ 베이킹파우더 1작은술(4g)
우유 20g
플레인 요거트 20g
초콜릿 칩 25g
오레오 쿠키 6개

미리 준비하기

※ '블루베리 머핀'(p.18)과 같다. 단, 블루베리는
사용하지 않는다.

만드는 법

1 볼에 버터를 넣고, 상온(약 20℃) 상태로 만든다. 버터가 단단하면 고무주걱으로 으깨서 매끈해질 때까지 풀어준다.

2 그래뉴당을 3~4회에 나누어 넣고, 넣을 때마다 핸드믹서로 공기를 품게 하며 섞는다. 반죽이 하얗게 변하면 된다.

3 풀어둔 달걀을 5~6회에 나누어 넣고, 넣을 때마다 핸드믹서로 섞는다.

4 박력분과 베이킹파우더를 절반만 넣고, 고무주걱으로 자르면서 섞는다.

5 우유와 플레인 요거트를 넣고, 같은 방법으로 섞는다.

6 나머지 박력분과 베이킹파우더를 넣고, 같은 방법으로 섞는다. 날가루가 보이지 않으면 초콜릿 칩을 넣고 섞어서 반죽을 만든다.

7 머핀 틀에 반죽을 붓는다. 붓기 어려우면 숟가락으로 떠서 채워도 된다.

8 토핑으로 오레오 쿠키를 올린다. 1개를 그대로 올려도, 잘라서 올려도 된다 . 오븐 팬에 틀을 올리고 오븐에 넣는다. 약 23분간 노릇노릇해질 때까지 굽는다.

9 하나씩 식힘망에 올려서 식힌다.

생딸기를 넣고 구워요
딸기 크림치즈 머핀

재료

지름 6cm 머핀 틀 6개 분량

무염 버터 60g
그래뉴당 75g
달걀 1개(50g)
┌ 박력분 100g
└ 베이킹파우더 1작은술(4g)
우유 20g
플레인 요거트 20g
크림치즈(끼리 포션 제품) 35g(2조각)
딸기 6개

미리 준비하기

• 물에 적신 키친타월로 딸기 겉면의
이물질을 닦아낸다.

※ 그 외에는 '쿠키&크림 머핀'(위)과 같다.

만드는 법

1 '쿠키&크림 머핀' 만드는 법 1~6과 같은 방법으로 진행한다. 단, 초콜릿 칩은 넣지 않는다.

2 머핀 틀의 절반 높이까지 반죽을 붓는다. 붓기 어려우면 숟가락으로 떠서 채워도 된다.

3 크림치즈와 딸기를 6개 분량으로 작게 자른다. 틀에 1개 분량으로 나눈 크림치즈와 딸기를 절반만 넣는다 . 그 위에 남은 반죽을 끼얹고, 나머지 크림치즈와 딸기를 토핑으로 올린다. 오븐 팬에 틀을 올리고 오븐에 넣는다. 약 23분간 노릇노릇해질 때까지 굽는다.

4 하나씩 식힘망에 올려서 식힌다.

시나몬과 흑설탕이 환상의 조합을 이루는 맛

시나몬 건포도 머핀 완성 후 바로 상온에서 1~2일

재료

지름 6cm 머핀 틀 6개 분량

무염 버터 60g
흑설탕 75g
달걀 1개(50g)
┌ 박력분 100g
│ 시나몬가루 1과 1/4작은술(2.5g)
└ 베이킹파우더 1작은술(4g)
우유 20g
플레인 요거트 20g
건포도 50g

미리 준비하기

• 틀에 머핀 유산지를 깐다.
• 박력분과 시나몬가루, 베이킹파우더
  는 함께 체로 친다.
• 버터와 달걀은 상온 상태로 만든다.
• 건포도는 약 3분간 뜨거운 물에 담갔
  다가 채반에 건지고, 키친타월로 물기
  를 닦아낸다.
※ 말린 과일을 그냥 넣으면 반죽의 수분을 흡수
  해서 머핀을 퍼석하게 만들기 때문에 미리 수
  분을 머금게 한다.
• 오븐은 180℃로 예열한다.

만드는 법

1 볼에 버터를 넣고, 상온(약 20℃) 상태로 만든다. 버터가 단단하면 고무주걱으로 으깨서 매끈해질 때까지 풀어준다.

2 흑설탕을 3~4회에 나누어 넣고, 핸드믹서로 공기를 품게 하며 섞는다. 반죽이 하얗게 변하면 된다. 흑설탕의 입자가 크기 때문에 완전히 녹지 않기도 하는데 알갱이가 조금 남아 있어도 괜찮다ⓐ.

3 풀어둔 달걀을 5~6회에 나누어 넣고, 핸드믹서로 섞는다. 한꺼번에 넣으면 잘 섞이지 않으니 조금씩 넣는다.

4 박력분과 시나몬가루, 베이킹파우더를 절반만 넣고, 고무주걱으로 자르면서 섞는다.

5 우유와 플레인 요거트를 넣고, 같은 방법으로 섞는다.

6 나머지 박력분과 시나몬가루, 베이킹파우더와 건포도를 넣고, 같은 방법으로 날가루가 보이지 않을 때까지 섞어서 반죽을 만든다.

7 머핀 틀에 반죽을 붓는다. 붓기 어려우면 숟가락으로 떠서 채워도 된다.

8 토핑으로 흑설탕(분량 외)을 뿌린다. 취향에 따라 흑설탕을 토핑으로 뿌리지 않아도 되지만 뿌리면 사각사각한 식감과 깊은 단맛이 더해져 더 맛있어진다.

9 오븐 팬에 틀을 올리고 오븐에 넣는다. 약 23분간 노릇노릇해질 때까지 굽는다.

10 하나씩 식힘망에 올려서 식힌다.

오븐을 잘 다루는 법

{ 오븐 사용법의 포인트 }

예열을 잊지 말 것!

레시피의 '굽는 시간'은 지정 온도로, 굽기 시작하는 때부터 꺼낼 때까지의 시간을 가리킨다. 저온에서 굽기 시작하면 반죽이 제대로 부풀지 않는다. 반죽이 완성되기 전에 지정 온도로 예열해둔다.

오븐 팬 예열에 대해

틀에 넣고 구울 때는 오븐에 오븐 팬을 넣은 상태로 예열한다. 오븐 팬이 차가우면 틀에 열이 잘 전달되지 않는다. 쿠키, 스콘처럼 오븐 팬에 반죽을 늘어놓고 굽는 레시피는 오븐 팬이 뜨거우면 위험하므로 예열하지 않는다. 단, 차가운 오븐 팬을 넣으면 내부 온도가 떨어지기 때문에 예열 온도는 굽는 온도보다 10~20℃ 높게 설정한다.

오븐 팬은 1개만 사용한다

가정용 오븐은 내부가 좁아서 오븐 팬을 여러 개 넣으면 열이 잘 순환되지 않아 반죽이 제대로 구워지지 않는다. 그리고 반죽을 한꺼번에 많이 넣으면 반죽에서 다량의 수증기가 나와서 내부 온도가 떨어진다. 이를 방지하기 위해 굽는 온도를 높이면 일부에만 열이 강하게 닿아서 구움 얼룩(일부분만 구운 색이 어두운 상태)도 진해진다. 맛있는 구움 과자를 만들려면 반죽을 한꺼번에 많이 넣지 말고, 2회에 나눠서 조금씩 정성껏 굽는 과정이 중요하다.

하단에서 굽는 것이 좋다

오븐에 따라 오븐 팬을 여러 개 넣을 수 있는 기종이 있다. 상중하, 어느 단을 쓸지 고민일 때는 하단이 적절하다. 반죽이 부풀었을 때 오븐 윗부분에 닿을 염려가 없고, 구워지는 모습을 밖에서 볼 수도 있다. 또한 열원은 주로 안쪽 또는 윗부분에 있으므로 하단을 이용하면 열의 대류가 잘 일어난다. 하단에서 구웠을 때 색이 옅으면 중간 단으로 옮기는 등 상태를 보면서 조절한다.

반죽의 방향을 바꿔서 골고루 굽는다

오븐은 저마다의 특성이 있어서 어떻게 해도 구움 얼룩이 생긴다. 오븐 팬에 틀을 올려놓았으면 틀만 180° 돌려준다. 쿠키처럼 오븐 팬에 늘어놓고 구울 때는 오븐 팬을 통째로 돌려준다. 어떤 작업이든 내부 온도가 떨어지지 않도록 재빨리 하는 것이 포인트. 뜨거우니 화상을 입지 않게 두꺼운 장갑을 껴야 한다. 돌리는 타이밍은 굽는 시간의 2/3가 지난 시점이다. 오븐 문을 너무 일찍 열면 반죽이 급격히 식어서 더 이상 부풀지 않는데, 그 이후에는 계속 구워도 덜 부풀어 오른다.

굽는 도중에 오븐 문을 자꾸 열지 않는다!

잘 구워지는지 신경이 쓰여서 문을 자꾸 열면 찬 공기가 오븐 내부에 들어가서 온도가 떨어진다. 그러면 반죽이 식어서 더 이상 부풀지 않으며 간혹 쪼그라들기도 한다. 오븐 문은 반죽의 방향을 돌릴 때만 1회 연다.

반죽을 애써 잘 만들어도 제대로 굽지 못 하면 소용이 없지요.
오븐을 잘 이해하고 다루면 더 맛있게 구울 수 있답니다.

{ 오븐에 굽는 타이밍 }

반죽이 완성되면 바로 구워야 하는 반죽

스펀지 시트 반죽, 시폰 케이크 반죽, 머랭이 들어간 반죽은 거품 낸 달걀의 기포성을 이용해 부풀리는 반죽이기 때문에 시간이 지나면 거품이 가라앉아서 부풀지 않는다. 반죽이 완성되면 바로 오븐에 넣고 굽는다.

반죽이 완성된 후 나중에 구워도 되는 반죽

쿠키 반죽, 마들렌 반죽, 스콘 반죽처럼 휴지시키는 과정이 필요한 반죽은 바로 굽지 않아도 되어서 냉장실에 보관할 수 있다. 전날에 만든 반죽을 다음 날 아침에 굽거나 반죽을 많이 만들어서 여러 번에 나누어 구울 수도 있다.

내부 온도 확인은 오븐용 온도계로 한다

오븐 기종과 사용 연수에 따라 예열 완료 소리가 울려도 내부 온도가 예열 온도에 미치지 못하기도 하고, 반대로 온도가 너무 올라가기도 한다. 온도가 얼마나 올라갔는지 알고 싶으면 오븐용 온도계를 사용한다. 온도가 낮으면 예열 시간을 늘리거나 설정 온도를 10~20℃ 높인다.

● 레시피의 굽는 시간과 차이가 크게 날 때 확인해야 할 점

레시피의 굽는 시간은 어디까지나 기준 시간이므로, 오븐에 따라 다소 차이가 날 수 있다. 레시피에 안내된 시간 안에 다 구워지지 않으면 시간을 늘려서 굽고, 탈 듯하면 시간을 줄여서 굽는다. 단, 시간이 너무 오래 걸리면 내부 온도가 제대로 올라가지 않은 상태일 수 있다. 이럴 때는 오븐용 온도계로 확인한다.

{ 오븐 선택법 }

전기와 가스, 어떤 것이 좋을까?

오븐은 크게 전기 오븐과 가스 오븐으로 나뉘는데, 열이 골고루 전달되는 전기 오븐을 권장한다. 전기 오븐에는 오븐 팬을 넣는 제품과 회전판이 돌아가는 제품이 있는데, 오븐 팬을 넣는 제품이 좋다. 회전판이 돌아가는 제품은 오븐의 열량이 작은 경우가 많고, 판이 돌아갈 때 큰 틀(롤 케이크 틀)이 오븐 안에서 걸리기 때문이다. 또한 내부가 넓은 오븐은 안정된 열이 균일하게 전달되고, 문을 열고 닫을 때 온도 변화도 적으니 놓을 장소가 확보된다면 '내부 용량 30ℓ 이상'인 오븐을 고른다.

가스 오븐을 쓸 때 주의해야 할 점

가스 오븐은 전기 오븐보다 화력이 강하다. 이 책에서 소개하는 레시피의 굽는 온도는 전기 오븐을 기준으로 설정되었다. 가스 오븐을 쓰는 경우에는 굽는 온도를 10~20℃ 낮추거나 굽는 시간을 조금 줄인다.

PART

1

간단한
구움과자를
훨씬 더 맛있게

바나나 케이크

마들렌

[드롭 쿠키] 코코넛 드롭 쿠키

[스노우볼 쿠키] 바닐라 스노우볼 쿠키 / 말차 스노우볼 쿠키

[아이스박스 쿠키] 커피 호두 쿠키 / 참깨 쿠키

뉴욕 치즈 케이크

[스콘] 플레인 스콘

초콜릿 스콘

(베이킹에서 쿵요한 점 ②) 반죽 섞는 법

시폰 케이크

말차 시폰 케이크

[파운드 케이크] 럼 레이즌 파운드 케이크

무화과 캐러멜 파운드 케이크

레몬 케이크

버터 없이, 재료를 순서대로 섞기만 하면 되는

Banana Cake

바나나 케이크

달걀을 체온 정도로 데우면
알맞게 탄력 있는
케이크가 된다.

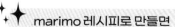

일반적인 레시피로 만들면

marimo 레시피로 만들면

○ 바나나 향이 풍기는 묵직한 케이크.

◆ 알맞게 탄력 있는 반죽.
◆ 버터 대신 식물성 기름을 넣어도 만족스러운 맛.

잘 익은 바나나의 은은한 단맛
바나나 케이크

차가워도 맛있어요 냉장실에서 2~3일

재료

15cm 사각 틀(또는 18×8×8cm 파운드 틀) 1개 분량

달걀 1개(55g)
그래뉴당 55g
생참기름 30g
바나나(완숙) 1개(과육 80g) ⓐ
┌ 박력분 70g
└ 베이킹파우더 1작은술(4g)
바나나(장식용) 적당량

미리 준비하기

• 틀에 오븐용 유산지를 깐다.
• 박력분과 베이킹파우더는 함께 체로 친다.
• 오븐은 180℃로 예열한다.
• 중탕용 물을 끓인다.

 ## 만드는 법

1 볼에 달걀을 풀고, 그래뉴당을 넣는다. 볼 바닥을 뜨거운 물을 담은 볼에 겹쳐서 올린(중탕) 채, 거품기로 직선을 그리듯 왕복하며 섞어서 데운다ⓑ.

2 사람의 체온(30~35℃) 정도로 데워지고, 그래뉴당이 녹아서 하얗게 변하며 거품이 조금 날 때까지 섞는다ⓒ. 달걀을 데우면 기포가 잘 일어나서 반죽이 폭신해진다. 단, 너무 많이 데우면 반죽이 퍼석해지니 주의한다.

3 볼을 뜨거운 물에서 건진다. 생참기름을 한꺼번에 붓고, 거품기로 원을 그리며 기름이 완전히 어우러지게 섞는다ⓓ. 저울에 볼을 올린 채 계량하면서 기름을 넣으면 설거지를 줄일 수 있다. 볼 가장자리에 묻은 반죽이 남기 쉬우므로, 모두 긁어서 넣고 섞는다.

4 저울에 볼을 올려서 바나나를 계량하면서 넣고, 거품기로 으깨면서 섞는다ⓔ. 바나나 알갱이가 남았어도 사방 1cm 크기 정도면 괜찮다ⓕ.

5 박력분과 베이킹파우더를 넣고, 거품기를 수직으로 세워서 날가루가 사라질 때까지 섞어서 반죽을 만든다ⓖ. 볼 가장자리에 날가루가 남기 쉬우므로, 모두 긁어서 넣고 섞는다ⓗ.

6 틀에 반죽을 붓는다. 장식용 바나나를 약 3mm 두께로 얇게 썰어서 올린다ⓘ.

7 오븐 팬에 틀을 올리고 오븐에 넣는다. 약 23분간 노릇노릇해질 때까지 굽는다(오븐에 따라 구워지는 색을 보며 시간을 조절한다). 나무 꼬치로 찔렀을 때 걸쭉한 반죽이 묻어나지 않으면 완성이다.

8 식힘망에 올려서 식힌다.

○ 동일한 반죽을 파운드 틀에 부었으면 굽는 시간을 약 30분으로 설정한다.

point

잘 익은 바나나에는 슈거 스폿(검은 반점)이 생긴다.

point

불필요한 수고 없이 맛있게 만들려면 온도계로 온도를 재는 것이 지름길이다.

ⓐ

ⓑ

ⓒ

point

버터 대신 식물성 기름을 넣어도 충분히 맛있다. 이때 완전히 섞는다.

ⓓ

ⓔ

ⓕ

ⓖ

ⓗ

ⓘ
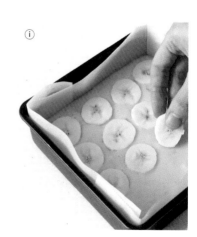

간단한 구움과자일수록 제대로 만들어야 맛있다

Madeleine

마들렌

잘 구워진 구움과자의 비결은
녹인 버터와 달걀의
온도에 있다.

일반적인 레시피로 만들면

○ 촉촉하고 조밀하다.

marimo 레시피로 만들면

◆ 갓 구우면 폭신하고, 시간이 지나면 촉촉하다.
◆ 버터와 꿀의 진한 풍미가 느껴진다.

집에 있는 재료로
최고의 구움과자를 만든다!

마들렌

상온에서 4~5일

재료

마들렌 틀 8개 분량

달걀 1개(55g)
그래뉴당 45g
꿀 10g
┌ 박력분 50g
└ 베이킹파우더 1/4작은술(1g)
무염 버터 55g

미리 준비하기

• 박력분과 베이킹파우더는 함께 체로 친다.
• 버터는 중탕으로 녹여서 약 50℃로 데운다. 거의 녹았을 때 뜨거운 물을 갈아주면 약 50℃가 된다ⓐ.
• 그래뉴당 위에 꿀을 넣어 계량한다(용기에 직접 꿀을 넣으면 용기에 달라붙는다).
• 오븐은 180℃로 예열한다.

 ## 만드는 법

1 볼에 달걀을 풀어서 상온(약 20℃) 상태로 만든다ⓑ. 달걀이 차가우면 그래뉴당이 잘 녹지 않고 공기가 잘 들어가지 않아서 반죽이 묵직해진다. 달걀을 냉장실에서 막 꺼냈으면 잠시 중탕하거나 살짝 거리를 둔 채 불 위에 올려서 데운다.

2 그래뉴당과 꿀을 넣고ⓒ, 그래뉴당이 녹을 때까지 거품기로 섞는다.

3 박력분과 베이킹파우더를 넣고, 거품기를 수직으로 잡고 날가루가 사라질 때까지 섞는다ⓓ. 볼 가장자리에 날가루가 남기 쉬우므로, 고무주걱으로 모두 긁어서 넣고 섞는다ⓔ.

4 약 50℃로 데운 버터를 나누어 넣고ⓕ, 같은 방법으로 섞어서 반죽을 만든다. 버터가 차가우면 반죽이 굳어서 잘 섞이지 않으므로, 약 50℃가 가장 좋다.

5 볼에 랩을 씌우고, 냉장실에 넣어서 1~2시간 휴지시킨다ⓖ. 빙빙 돌리면서 섞으면 밀가루에 점성(글루텐)이 생기는데, 잠시 휴지시키면 글루텐이 가라앉아서 잘 부풀어 오른다.

6 버터 또는 생참기름(각 분량 외)을 바른 틀에 반죽을 붓는다. 솔로 바르거나 키친타월에 묻혀서 발라도 된다. 기름을 발라야 반죽이 틀에서 잘 떨어진다.

7 오븐 팬에 틀을 올리고 오븐에 넣는다. 약 12분간 전체가 노릇노릇해질 때까지 굽는다(오븐에 따라 구워지는 색을 보며 시간을 조절한다). 골고루 구워지도록 약 10분 후 오븐 팬의 방향을 돌린다ⓗ. 틀과 마들렌 사이에 살짝 틈이 생기면 완성이다.

8 틀 위에 식힘망을 올리고, 한 번에 뒤집어 꺼내서 식힌다ⓘ. 한 김 식힌 다음 랩을 씌우면 마르지 않는다.

응용하기

초콜릿을 묻힌 마들렌

1 제과용 코팅 초콜릿 50g을 중탕으로 녹인다. 제과용 코팅 초콜릿을 쓰면 깔끔하게 굳는데, 없으면 판 초콜릿을 써도 된다(마들렌을 찍기 편하게 넉넉히 계량해서 초콜릿이 남는다).

2 식힌 마들렌 8개의 끝에 초콜릿을 묻히고, 오븐용 유산지 위에 올린다. 초콜릿이 굳기 전에 다진 피스타치오로 장식한다. 냉장실에 넣어서 약 10분간 차갑게 굳힌다.

✅ point

달걀은 상온 상태로 만든다. 20℃가 기준이다.

✅ point

녹인 버터를 약 50℃로 데우면 잘 섞인다.

✅ point

반죽을 휴지시키면 구울 때 잘 부풀어 오른다.

✅ point

어떤 오븐에 굽든 구움 얼룩이 생기므로, 반드시 틀을 돌리는 것이 포인트.

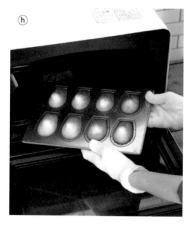

바삭바삭한 식감이 정말 좋아요

Drop Cookies

코코넛 드롭 쿠키

상온에서 2주

재료

지름 4㎝ 약 25개 분량

무염 버터 80g
그래뉴당 45g
달걀 20g
소금 1자밤
박력분 60g
코코넛가루 50g

미리 준비하기

• 박력분은 체로 친다.
• 버터와 달걀은 상온 상태로 만든다.
• 오븐은 170℃로 예열한다(코코넛가루가
  타기 쉬우므로, 일반 쿠키보다 10℃ 낮은 온
  도에서 굽는다).

만드는 법

1 볼에 버터를 넣고, 상온(약 20℃) 상태로 만든다. 버터를 약 20℃로 만들어서 섞으면 입 안에서 가볍게 부서지듯 바삭바삭한 식감이 난다. 버터가 단단하면 고무주걱으로 으깨서 매끈해질 때까지 풀어준다.

2 그래뉴당을 3~4회에 나누어 넣고, 넣을 때마다 버터 속에 공기를 품게 하며 거품기로 섞는다. 반죽이 하얗게 변하면 된다.

3 풀어둔 달걀을 2회에 나누어 넣고, 넣을 때마다 거품기로 섞는다. 달걀이 차가우면 버터도 차갑고 단단해져서 잘 섞이지 않으므로, 상온(약 20℃) 상태로 만든다. 소금을 넣고 섞는다.

4 박력분을 넣고, 고무주걱의 날을 세워서 잡고 반죽을 자르듯이 섞는다ⓐ. 이렇게 하면 밀가루에 점성(글루텐)이 거의 생기지 않아서 바삭한 반죽이 된다. 5회 자르고 1회 뒤집는 리듬으로 섞으면 좋다. 볼 가장자리에 날가루가 남기 쉬우므로, 모두 긁어서 넣고 섞는다.

5 90%쯤 섞이면 코코넛가루를 넣고, 같은 방법으로 섞는다. 날가루가 보이지 않으면 반죽이 완성된 것이다ⓑ. 고무주걱으로 반죽을 볼에 누르며 펴 발라서 매끈하게 만든다.

6 숟가락 2개로 오븐용 유산지를 깐 오븐 팬에 반죽을 떠서 올린다ⓒ. 구움 얼룩이 생기지 않도록 같은 크기로 만들고, 열이 잘 순환되도록 일정한 간격을 두고 올린다. 한 번에 다 굽지 못한다면 2회에 나누어 굽는다. 오븐용 온도계를 올리려면 공간을 비워둔다.

7 오븐에 넣고, 약 18분간 전체가 노릇노릇해질 때까지 굽는다(오븐에 따라 구워지는 색을 보며 시간을 조절한다). 골고루 구워지도록 약 15분 후 팬의 방향을 돌린다.

8 하나씩 식힘망에 올려서 식힌다.

입 안에서 사르르 녹는 매력

Snowball Cookies

바닐라 스노우볼 쿠키
말차 스노우볼 쿠키

상온에서 2주

바닐라 스노우볼 쿠키

말차 스노우볼 쿠키

바닐라 스노우볼 쿠키

🥛 재료

지름 2.5㎝ 약 24개 분량

무염 버터 30g
슈거파우더 10g
바닐라 오일 5방울
박력분 40g
아몬드가루 20g
〈토핑〉
슈거파우더 20g

🍳 미리 준비하기

• 슈거파우더, 박력분은 각각 체로 친다.
• 버터는 상온 상태로 만든다.
• 오븐은 180℃로 예열한다.

만드는 법

1 볼에 버터를 넣고, 상온(약 20℃) 상태로 만든다. 버터가 단단하면 고무주걱으로 으깨서 매끈해질 때까지 풀어준다.

2 슈거파우더를 넣고, 버터 속에 공기를 품게 하며 거품기로 섞는다. 반죽이 하얗게 변하면 된다.

3 바닐라 오일을 넣고, 거품기로 섞는다.

4 박력분과 아몬드가루를 넣고, 고무주걱의 날을 세워서 잡고 반죽을 자르듯이 섞는다. 5회 자르고 1회 뒤집는 리듬으로 섞으면 좋다. 볼 가장자리에 날가루가 남기 쉬우므로, 모두 긁어서 넣고 섞는다.

5 날가루가 보이지 않으면 반죽이 완성된 것이다. 고무주걱으로 반죽을 볼에 누르며 펴 발라서 매끈하게 만든다.

6 반죽을 한 덩어리로 뭉쳐서 길쭉하게 만든다. 이렇게 하면 잘라서 나누기 쉽다.

7 저울로 4g씩 계량하며 스크레이퍼로 반죽을 자른다ⓐ. 크기를 일정하게 만들어야 골고루 구워진다.

8 양 손바닥으로 둥글리고ⓑ, 오븐용 유산지를 깐 오븐 팬에 올린다. 오븐에 넣고, 약 10~11분간 굽는다.

9 하나씩 식힘망에 올려서 식힌다.

말차 스노우볼 쿠키

🥛 재료

지름 2.5㎝ 약 24개 분량

무염 버터 30g
슈거파우더 10g
┌ 박력분 38g
└ 말차가루 2g
아몬드가루 20g
〈토핑〉
슈거파우더 20g
말차가루 2g

🍳 미리 준비하기

• 박력분과 말차가루는 함께 체로 친다.
• 토핑용 슈거파우더와 말차가루는 함께 체로 친다.

※ 그 외에는 '바닐라 스노우볼 쿠키'와 같다.

만드는 법

1 '바닐라 스노우볼 쿠키'의 만드는 법 1~2와 같은 방법으로 진행한다.

2 박력분과 말차가루, 아몬드가루를 넣고, 고무주걱의 날을 세워서 잡고 반죽을 자르듯이 섞는다. 5회 자르고 1회 뒤집는 리듬으로 섞으면 좋다. 볼 가장자리에 날가루가 남기 쉬우므로, 모두 긁어서 넣고 섞는다.

3 '바닐라 스노우볼 쿠키'(위)의 만드는 법 5~9와 같은 방법으로 진행한다.

4 토핑용 슈거파우더와 말차가루를 함께 체로 쳐서 용기에 담고, 식힌 쿠키를 넣어서 슈거파우더를 골고루 묻힌다.

5 장식용 슈거파우더와 말차가루(각 분량 외)를 작은 거름망으로 뿌린다. 녹지 않는 슈거파우더를 사용하면 더욱 예쁘다. 며칠 지나면 겉면의 장식용 슈거파우더가 녹으므로, 빨리 먹는 것이 좋다.

틀이 없어도 다양한 모양으로 즐길 수 있는

Icebox Cookies

커피 호두 쿠키
참깨 쿠키

반죽을 종이에 말아서 성형하면
크기가 일정해서
골고루 구워진다.

일반적인 레시피로 만들면

○ 균일한 크기로 성형할 수 없어서 구움
　얼룩이 생기기 쉽다.

marimo 레시피로 만들면

◆ 특별한 도구와 틀이 없어도 크기가 일정하다.
◆ 버터의 향과 바삭바삭한 식감이 좋다.

인기 있는 맛
커피 호두 쿠키

상온에서 2주

📋 재료

지름 4cm 약 20개 분량

무염 버터 55g
슈거파우더 35g
달걀 10g
인스턴트 커피가루 2작은술(3g)
박력분 90g
호두 20g
그래뉴당 적당량

🗓 미리 준비하기

• 슈거파우더, 박력분은 각각 체로 친다.
• 버터와 달걀은 상온 상태로 만든다.
• 달걀을 풀고, 인스턴트 커피가루를 녹인다ⓐ.
※ 커피가루는 찬물에 녹는 제품이 좋다.
• 호두는 손으로 사방 약 1cm 크기가 되도록 쪼갠다.
• 오븐은 180°C로 예열한다.

만드는 법

1. 볼에 버터를 넣고, 상온(약 20°C) 상태로 만든다. 버터가 단단하면 고무주걱으로 으깨서 매끈해질 때까지 풀어준다.

2. 슈거파우더를 2~3회에 나누어 넣고, 넣을 때마다 거품기로 섞는다. 반죽이 하얗게 변하면 된다.

3. 풀어둔 달걀을 2회에 나누어 넣고, 넣을 때마다 거품기로 섞는다.

4. 박력분을 넣고, '바닐라 스노우볼 쿠키'(p.40) 만드는 법 4~5와 같은 방법으로 섞는다ⓑ. 호두를 넣고 섞어서 반죽을 만든다.

5. 반죽이 끈적하게 달라붙으면 둥글린 다음 랩으로 감싸서 냉동실에 넣고, 몇 분간 두어서 차갑게 만든다ⓒ.

6. A4용지와 같은 종이에 길이 약 25cm로 길쭉하게 만든 반죽을 올린다. 종이로 말아서 단단하게 감싸고, 살살 굴려서 길이 약 25cm의 원통형으로 만든다ⓓ. 냉동실에 넣고, 약 1시간 굳힌 다음 손끝으로 겉면 전체에 물을 바르고ⓔ, 그래뉴당을 담은 트레이에 굴린다ⓕ.

7. 자를 대고 1.2cm 폭으로 칼집을 얕게 넣고ⓖ, 칼집을 따라 썬다ⓗ.

8. 오븐용 유산지를 깐 오븐 팬에 일정한 간격을 두고 올린다. 오븐에 넣고, 약 18분간 굽는다. 약 15분 후에 팬의 방향을 돌린다.

9. 하나씩 식힘망에 올려서 식힌다.

참깨를 듬뿍 넣어 고소한
참깨 쿠키

상온에서 2주

📋 재료

7×1.5cm 막대 모양 약 30개 분량

무염 버터 55g
슈거파우더 35g
달걀 10g
┌ 박력분 90g
│ 소금 1자밤
└ 검은깨·흰깨 각 2작은술(8g)

🗓 미리 준비하기

• '커피 호두 쿠키'와 같다. 단, 인스턴트 커피가루와 호두는 사용하지 않는다.

만드는 법

1. '커피 호두 쿠키'(위) 만드는 법 1~5와 같은 방법으로 진행한다. 단, 박력분과 함께 소금, 깨를 넣고 섞는다.

2. 반죽을 둥글린 다음 랩으로 감싸고, 밀대로 7×16cm 직사각형이 되도록 민다. 밀대가 없으면 랩의 종이심지에 랩을 말아서 밀대를 대체할 수 있다.

3. 칼로 네 변을 바르게 잘라내고, 가장자리부터 5mm 두께로 썬다.

4. '커피 호두 쿠키' 만드는 법 8~9와 같은 방법으로 진행한다. 단, 굽는 시간은 약 11분으로 설정하고, 약 8분 후에 오븐 팬의 방향을 돌린다.

point

종이로 말아서 굴리기만 해도 예쁘게 성형
할 수 있다.

❷ point

자로 재면서 칼집을 넣으면 일정하고 동일
한 두께로 자를 수 있다.

달지 않고, 부드럽게 입 안을 감싸는

New York Cheesecake

뉴욕 치즈 케이크

중탕으로 구워서 촉촉하고 매끈하다.
진하면서 입에서 사르르 녹는
식감이 좋은 치즈 케이크.

일반적인 레시피로 만들면

○ 진하고 묵직하다.

marimo 레시피로 만들면

◆ 매끈하고 크리미한 식감이 난다.
◆ 시나몬 향이 나는 크러스트 부분과 어우러
　지는 크림치즈 맛의 균형이 절묘하다.

크림치즈 1통을 다 써서 만드는
뉴욕 치즈 케이크

(다음 날)(냉장실에서 2~3일)

📋 재료

지름 15㎝ 원형 틀 1개 분량
※바닥 분리형 틀을 사용한다.

캐러멜 비스킷 60g
무염 버터 20g
크림치즈 200g
사워크림 90g
그래뉴당 60g
달걀 1개(55g)
생크림 100g
옥수수전분 15g

🍳 미리 준비하기

• 크림치즈와 사워크림은 상온 상태로 만든다.
• 틀 바닥에만 오븐용 유산지를 깐다.
• 알루미늄 포일을 2장 겹쳐서 틀 바닥을 감싼다.
• 중탕용 물을 끓인다.
• 오븐은 180℃로 예열한다.

🍲 만드는 법

1 두꺼운 비닐봉지에 캐러멜 비스킷을 넣고, 밀대로 두드려서 가루가 되도록 부순다ⓐ. 잘게 부숴야 크러스트를 깔끔하게 만들 수 있다.

2 내열 용기에 버터를 넣고, 600W 전자레인지에 20~30초간 가열해 녹인다. 1에 붓고, 비닐봉지 밖에서 손으로 주물러 섞어서 크러스트를 만든다.

3 크러스트를 원형 틀에 넣고, 숟가락 뒷면으로 눌러서 평평하게 깐다.

4 볼에 크림치즈를 넣고, 부드러워질 때까지 고무주걱으로 풀어준다ⓑ. 크림치즈가 단단한 상태일 때 거품기로 저으면 철사 사이에 끼어서 섞기 힘들다. 고무주걱의 휘어지는 성질을 이용해 크림치즈를 누르며 으깨서 매끈하게 만든다.

5 사워크림을 넣고, 부드러워질 때까지 고무주걱으로 풀어준다.

6 그래뉴당을 넣고, 잘 어우러질 때까지 거품기로 섞는다ⓒ. 사각거리는 느낌이 사라지면 된다.

7 풀어둔 달걀을 2회에 나누어 넣고ⓓ, 잘 어우러질 때까지 거품기로 섞는다. 한꺼번에 넣으면 잘 섞이지 않으니 주의한다.

8 생크림을 붓고, 잘 어우러질 때까지 거품기로 섞는다.

9 옥수수전분을 작은 체로 치면서 넣고, 잘 어우러질 때까지 거품기로 섞는다ⓔ. 박력분으로 대체할 수도 있지만 옥수수전분을 넣어야 식감이 매끈해진다.

10 틀에 반죽을 붓는다.

11 틀을 조금 더 큰 트레이에 올리고, 틀의 절반 높이까지 뜨거운 물을 붓는다ⓕ.

12 오븐 팬에 트레이를 올리고 오븐에 넣는다. 180℃에서 약 15분간 구운 다음 160℃로 낮춰서 약 35분간 굽는다(굽는 시간을 모두 합치면 약 50분).

13 트레이에서 틀을 꺼내고, 알루미늄 포일을 벗긴 다음 식힘망에 올려서 식힌다.

14 랩을 씌우지 않은 채로 냉장실에 넣어서 하룻밤 재운다.

ⓐ **ⓑ** **ⓒ**

✔ point

달걀을 2회에 나누어 넣으면 덩어리가 잘 생기지 않는다.

✔ point

원형 틀 높이의 절반 정도까지 뜨거운 물을 붓는다. 틀 바깥쪽은 알루미늄 포일로 감싼다.

ⓓ **ⓔ** **ⓕ**

겉은 바삭, 속은 폭신

Scone
스콘

플레인 스콘

손의 열로 버터가 녹지 않도록
스크레이퍼로 반죽하면
세로로 폭신하게 부푼다.

일반적인 레시피로 만들면	✦✦ marimo 레시피로 만들면
○ 조직이 치밀하고 식감이 묵직하다.	◆ 세로로 부풀어서 입이 벌어진 듯한 모양이 된다.
	◆ 버터와 밀가루의 감칠맛이 느껴진다.

티타임의 간식, 아침 식사로 좋은
플레인 스콘

(갓 구웠을 때)(상온에서 2~3일)

📋 재료

사방 5㎝ 6개 분량

달걀 약 1/2개 분량(30g)
플레인 요거트 45g
┌ 박력분 150g
└ 베이킹파우더 1작은술(4g)
그래뉴당 30g
무염 버터 45g
달걀물 적당량(광택용)

📅 미리 준비하기

• 버터는 깍둑 썰어 계량한다. 상온에 두면 녹
  으므로, 쓰기 직전까지 냉장실에 둔다.
• 오븐은 180℃로 예열한다.

 ## 만드는 법

1 작은 볼에 달걀과 플레인 요거트를 넣고 섞는다. 작은 거품
   기를 사용하면 섞기 편하다. 플레인 요거트를 넣으면 겉은
   바삭, 속은 폭신한 식감이 난다.

2 다른 볼에 박력분과 베이킹파우더를 체로 쳐서 넣고, 그래
   뉴당도 넣어서 스크레이퍼로 가볍게 섞는다.

3 버터를 넣고, 가루 속에서 버터 알갱이를 손끝으로 으깬다
   ⓐ. 버터 알갱이가 작아지면 양 손바닥을 맞대고 비비며 가
   루와 어우러지게 섞는다ⓑ. 손의 열로 버터가 녹지 않도록
   버터에 가루를 묻히며 재빨리 작업하는 것이 포인트.

4 버터 알갱이가 보이지 않을 때까지 섞이면ⓒ 1을 넣고, 스
   크레이퍼로 싹둑싹둑 5회 자르며 섞는다ⓓ. 볼 가장자리에
   서 반죽을 뒤집고, 다시 5회 자르며 섞는 동작을 반복한다.
   전체가 촉촉해지고 날가루가 사라질 때까지 섞어서 반죽을
   만든다. 스크레이퍼에 붙은 반죽은 손끝으로 훑어서 뗀다.

5 아직 보슬보슬한 반죽을 스크레이퍼와 손으로 뭉친다. 이
   때 반죽의 겉면을 평평한 직육면체로 만들면 다음 작업이
   수월해진다ⓔ.

6 스크레이퍼로 반죽을 정확히 절반으로 잘라서 나눈다. 반
   죽 한 덩어리를 다른 덩어리 위에 겹쳐서 올리고, 스크레이
   퍼를 눕혀 올린 다음 손에 힘을 주어 위에서 꾹 눌러준다
   ⓕ. 이 과정을 5회 반복한다. 이때 손바닥으로 누르면 반죽
   겉면에 남아 있는 버터 알갱이가 완전히 녹아서 반죽이 질
   척해진다. 누를 때마다 반죽 겉면을 평평하게 정돈하며 직
   육면체로 모양을 잡으면 예쁜 층이 생겨서 구울 때 잘 부풀
   어 오른다.

7 반죽을 3㎝ 두께의 직육면체로 만들고, 랩으로 감싼 다음
   조금 단단해질 때까지 냉장실에 넣어서 15~60분간 휴지시
   킨다ⓖ. 하룻밤 두었다가 다음 날 아침에 구워도 된다.

8 칼로 반죽을 6등분한다. 굽는 시간에 차이가 나지 않도록
   같은 크기로 자른다. 오븐용 유산지를 깐 오븐 팬에 반죽을
   올린다.

9 반죽 윗면에 달걀물을 솔로 바른다.

10 오븐에 넣고, 약 18분간 굽는다.

✔ point
버터에 가루를 묻혀가며 잘 어우러지도록
재빨리 섞는다.

✔ point
재료를 섞을 때는 스크레이퍼를 사용한다.
버터가 녹지 않도록 재빨리 작업한다.

✔ point
반으로 자른 반죽을 겹쳐서 누르는 작업을
반복하며 층을 만든다.

코코아와 초콜릿 칩의 풍부한 맛

초콜릿 스콘 갓 구웠을 때 상온에서 2~3일

재료

사방 5cm 6개 분량

달걀 약 1/2개 분량(30g)
플레인 요거트 45g
┌ 박력분 130g
│ 코코아가루 15g
└ 베이킹파우더 1작은술(4g)
그래뉴당 30g
무염 버터 45g
초콜릿 칩 25g
달걀물 적당량(광택용)

미리 준비하기

• 버터는 깍둑 썰어 계량한다. 상온에 두면 녹으므로, 쓰기 직전까지 냉장실에 둔다.
• 오븐은 180℃로 예열한다.

만드는 법

1 작은 볼에 달걀과 플레인 요거트를 넣고 섞는다. 작은 거품기를 사용하면 섞기 편하다.

2 다른 볼에 박력분과 코코아가루, 베이킹파우더를 체로 쳐서 넣고 ⓐ, 그래뉴당도 넣어서 스크레이퍼로 가볍게 섞는다.

3 버터를 넣고, 가루 속에서 버터 알갱이를 손끝으로 으깬다. 버터 알갱이가 작아지면 양 손바닥을 맞대고 비비며 가루와 어우러지게 재빨리 섞는다.

4 버터 알갱이가 보이지 않을 때까지 섞이면 초콜릿 칩 ⓑ과 1을 순서대로 넣고, 스크레이퍼로 싹둑싹둑 5회 자르며 섞는다. 볼 가장자리에서 반죽을 뒤집고, 다시 5회 자르며 섞는 동작을 반복한다. 전체가 촉촉해지고 날가루가 사라질 때까지 섞어서 반죽을 만든다. 스크레이퍼에 붙은 반죽은 손끝으로 훑어서 뗀다.

5 아직 보슬보슬한 반죽을 스크레이퍼와 손으로 뭉쳐서 평평한 직육면체로 만든다.

6 스크레이퍼로 반죽을 정확히 절반으로 잘라서 나눈다. 반죽 한 덩어리를 다른 덩어리 위에 겹쳐서 올리고, 스크레이퍼를 눕혀 올린 다음 손에 힘을 주어 위에서 꾹 눌러준다. 이 과정을 5회 반복한다.

7 반죽을 3cm 두께의 직육면체로 만들고, 랩으로 감싼 다음 조금 단단해질 때까지 냉장실에 넣어서 15~60분간 휴지시킨다. 하룻밤 두었다가 다음 날 아침에 구워도 된다.

8 칼로 반죽을 6등분한다. 굽는 시간에 차이가 나지 않도록 같은 크기로 자른다. 오븐용 유산지를 깐 오븐 팬에 반죽을 올린다.

9 반죽 윗면에 달걀물을 솔로 바른다.

10 오븐에 넣고, 약 18분간 굽는다. 코코아가루를 넣은 반죽은 색이 어두워서 구워진 정도가 눈에 보이지 않기 때문에 굽는 시간을 판단하기 어렵다. 먼저 플레인 스콘을 만들어보며 굽는 시간을 확인해두거나 플레인 스콘 반죽과 함께 구우면 좋다.

반죽 섞는 법

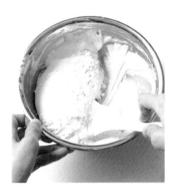

※ 이 방법은 오른손잡이에게 해당되는 설명
이다. 왼손잡이는 좌우를 바꿔서 진행한다.

{ 고무주걱으로 바닥에서 위로 뒤집으면서 섞기 }

파운드 케이크, 시폰 케이크, 롤 케이크 등

반죽 속 기포가 꺼지지 않도록 섞어서 폭신하게 만드는 기법.

❶ 고무주걱의 면이 비스듬히 위를 향하도록 눕혀서 잡는다.

❷ 볼을 시계라고 생각했을 때 고무주걱을 2시 지점에서 8시 지점으로 볼 가운데를 지나며 사선으로 움직이고, 반죽을 뒤집으며 10시 지점으로 갔다가 2시 지점으로 되돌아온다.

❸ 8시 지점에서 10시 지점으로 갈 때 왼손으로 볼을 시계 반대 방향으로 60도 정도 돌리면 고무주걱을 잡은 오른손의 위치가 고정되어도 반죽 전체를 균일하게 섞을 수 있다.

※ 이 방법은 오른손잡이에게 해당되는 설명
이다. 왼손잡이는 좌우를 바꿔서 진행한다.

{ 고무주걱으로 자르면서 섞기 }

머핀, 쿠키 등

반죽에 점성(글루텐)이 최대한 생기지 않게 해서
폭신하고 바삭바삭한 식감을 내는 기법.

❶ 고무주걱의 면이 몸쪽을 향하도록 잡는다.

❷ 볼을 시계라고 생각했을 때 고무주걱을 10시 지점에서 4시 지점 방향으로 비스듬히 아래로 움직이며 반죽을 자른다.

❸ 볼의 왼쪽 위에서 오른쪽 아래로 5회 자른 다음 왼손으로 볼을 시계 반대 방향으로 돌려서 각도를 바꿔준다. 같은 방법으로 계속 반죽을 자르면서 섞는다.

{ 고무주걱으로 누르듯 펴 바르면서 섞기 }

쿠키 등

쿠키 반죽을 자르면서 섞은 다음 마지막에 반죽을 매끈하게 정돈하는 기법.

❶ 고무주걱의 면이 아래로 향하도록 잡는다.

❷ 고무주걱이 휘어지는 성질을 이용해 볼에 반죽을 누르듯 펴 바르며 움직인다.

구움과자는 반죽에 맞는 방법으로 잘 섞었느냐에 따라 결과가 달라집니다.
맛있는 구움과자 만들기의 기본이 되는 반죽법을 알려드립니다.
레시피마다 기재해두었지만 더 자세히 알고 싶으면 이 페이지를 참고하세요.

{ 거품기로 원을 그리면서 섞기 }

치즈 케이크, 마들렌, 브라우니, 바나나 케이크 등

반죽 속에 기포가 없거나 기포가 꺼져도 괜찮을 때 활용하는 기법.
재료끼리 효율적으로 섞을 수 있다.

❶ 거품기가 볼과 수직이 되도록 세워서 잡는다.

❷ 볼 가운데에 거품기를 넣고, 원을 그리며 조금씩 가장자리 쪽으로 움직이며 섞는다.

❸ 계속 같은 방향으로 원을 그린다(도중에 방향을 바꾸지 않는다).

❹ 날가루를 조금씩 없앤다는 느낌으로 가장자리 쪽으로 움직이며 섞는다.

{ 머랭 만들기 }

시폰 케이크, 롤 케이크 등

달걀흰자에 그래뉴당을 넣어 충분히 거품을 내는 기법.

❶ 달걀흰자에 그래뉴당을 조금 넣어두면 잘 풀린다.

❷ 핸드믹서를 중속으로 돌려 45~60초간 달걀흰자를 풀어준다. 볼을 비스듬히 기울여서 바닥에 달걀흰자를 모으고, 거기에 핸드믹서 날을 꽂아넣는다. 날에 달걀흰자가 잘 휘감기게 하며 좌우로 조금씩 흔들면서 풀어준다.

❸ 몽글몽글하게 부피가 커지면 고속으로 설정한다. 그래뉴당을 약 15초마다 4회에 나누어 넣고, 넣을 때마다 거품을 낸다. 볼을 작업대 위에 놓고, 핸드믹서를 수직으로 세워 볼 가운데에서 원을 그리듯 돌리며 거품을 낸다. 가끔 반대쪽 손으로 볼을 몸쪽으로 돌려주면 거품이 고르게 올라온다.

❹ 날이 지나가는 흔적이 남을 정도로 거품이 올라오면 핸드믹서를 멈추고, 날로 머랭을 떠 올려본다. 뿔이 뾰족하게 서면서 끝이 약간 휘어질 정도로 유연한 상태가 되면 완성이다.

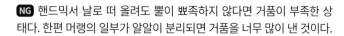**NG** 핸드믹서 날로 떠 올려도 뿔이 뾰족하지 않다면 거품이 부족한 상태다. 한편 머랭의 일부가 알알이 분리되면 거품을 너무 많이 낸 것이다.

기름 없이 폭신폭신한 케이크를 파운드 틀로 구웠다!

Chiffon Cake

시폰 케이크

머랭을 반죽에 섞기 직전
다시 거품을 내고,
주걱으로 떠 올리듯이 섞는다.

일반적인 레시피로 만들면	marimo 레시피로 만들면
○ 시폰 케이크 틀이 꼭 필요하다.	◆ 파운드 틀로도 만들 수 있다.
○ 식물성 기름을 넣어서 만든다.	◆ 식물성 기름을 넣지 않아도 폭신폭신한 케이크가 된다.

재료는 달걀, 밀가루, 그래뉴당, 요거트뿐

시폰 케이크

차가워도 맛있어요 냉장실에서 2~3일

재료

18×8×8cm 파운드 틀 1개 분량

- 달걀노른자 2개 분량(40g)
- 그래뉴당 15g
플레인 요거트 45g
- 달걀흰자 2개 분량(70g)
- 그래뉴당 30g
박력분 45g

미리 준비하기

- 파운드 틀 바닥과 좁은 옆면에만 오븐용 유산지를 깐다 ⓐ.
- 박력분은 체로 친다.
- 달걀흰자는 볼에 담아서 냉장실에 넣어 차갑게 만든다(차가워야 거품이 안정적으로 올라온다).
- 오븐은 180°C로 예열한다.

 만드는 법

1 볼에 달걀노른자와 그래뉴당 15g을 넣고, 반죽이 공기를 품어 하얗게 변할 때까지 핸드믹서를 고속으로 돌려 약 1분 30초간 거품을 낸다 ⓑ. 핸드믹서 날에 묻은 반죽은 손끝으로 훑어서 볼에 넣는다.

2 플레인 요거트를 넣고 ⓒ, 거품기로 균일해질 때까지 섞은 다음 잠시 둔다.

3 그래뉴당 30g에서 1작은술을 덜어내 달걀흰자에 넣고, 볼을 비스듬히 기울여서 바닥에 달걀흰자를 모은다. 핸드믹서를 중속으로 돌리고, 날에 달걀흰자가 잘 휘감기게 하며 좌우로 조금씩 흔들면서 약 1분간 풀어준다 ⓓ.

4 부피가 커지면 고속으로 설정한다. 나머지 그래뉴당을 약 15초마다 4회에 나누어 넣고, 넣을 때마다 거품을 낸다. 볼을 작업대 위에 놓고, 핸드믹서를 수직으로 세워 볼 가운데에서 원을 그리듯 돌리며 거품을 낸다. 가끔 반대쪽 손으로 볼을 몸쪽으로 돌려준다 ⓔ.

5 날이 지나가는 흔적이 남을 정도로 거품이 올라오면 날로 머랭을 떠 올려봐서 끝이 약간 휘어지는지 확인한다 ⓕ. 머랭의 일부가 알알이 분리되면 거품을 너무 많이 낸 것이다 ⓖ.

6 박력분을 2에 넣고, 수직으로 세운 거품기로 덩어리 없이 걸쭉하고 균일한 상태가 될 때까지 섞는다.

7 5의 머랭을 조금 덜어서 6에 넣고, 거품기로 3~4회 떠 올리듯이 섞는다 ⓗ.

8 핸드믹서를 저속으로 돌려서 남은 머랭에 다시 거품을 낸 다음 7을 붓는다. 고무주걱으로 바닥에서 위로 뒤집으며 균일하게 섞어서 반죽을 만든다 ⓘ.

9 틀에 반죽을 붓는다. 틀이 작아서 반죽이 남으면 머핀 틀에 부어도 된다. 오븐 팬에 틀을 올리고 오븐에 넣는다. 약 30분간 크게 부풀어 오른 후 갈라진 곳을 포함해 전체적으로 노릇노릇해지고, 약간 가라앉아서 높이가 잦아들 때까지 굽는다.

10 오븐에서 팬을 꺼내 틀 바닥을 작업대 위에 내리치고, 그대로 식힘망에 올려서 완전히 식힌다.

11 틀 옆면에 작은 칼을 찔러 넣고, 손상되지 않도록 틀을 따라 미끄러지듯 움직이며 분리한다. 틀에서 꺼내면 아래쪽이 찌그러지기 쉬우므로, 바로 먹거나 틀째 랩을 씌워서 냉장실에 보관했다가 먹을 때 틀에서 분리한다.

🔵 point
식물성 기름 없이 플레인
요거트만 넣어도 폭신하고 맛있다.

🔵 point
핸드믹서 날을 달걀흰자에 꽂아 넣고 돌리
면 밖으로 튀지 않는다.

🔵 point
반죽에 박력분을 넣기 전에 머랭을 만들어
둔다.

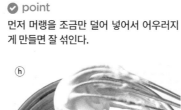

🔵 point
머랭에 거품을 너무 많이 낸 상태. 머랭이
알알이 분리되었다.

🔵 point
먼저 머랭을 조금만 덜어 넣어서 어우러지
게 만들면 잘 섞인다.

🔵 point
시간이 지나면 머랭에서 수분이 나오므로
남은 머랭에 다시 거품을 낸 다음 섞는다.

말차 시폰 케이크

차가워도 맛있어요   냉장실에서 1~2일

재료

18×8×8㎝ 파운드 틀 1개 분량

달걀노른자 2개 분량(40g)
그래뉴당 15g

플레인 요거트 45g

달걀흰자 2개 분량(70g)
그래뉴당 30g
박력분 40g
말차가루 3g

〈말차크림〉

생크림 100g
그래뉴당 10g
말차가루 3g

미리 준비하기

• 파운드 틀 바닥과 좁은 옆면에만 오븐용 유산지를 깐다.
• 박력분과 말차가루는 함께 체로 친다ⓐ.
• 달걀흰자는 볼에 담아서 냉장실에 넣어 차갑게 만든다.
• 오븐은 180℃로 예열한다.

만드는 법

1 '시폰 케이크'(p.58) 만드는 법 1~11과 같은 방법으로 진행한다. 단, 6에서 박력분과 말차가루를 함께 넣는다.

2 시폰 케이크의 좁은 옆면에 요리용 젓가락을 끼워 넣고, 속까지 뚫리도록 구멍을 넓힌다ⓑ.

3 말차크림을 만든다. 볼에 생크림과 그래뉴당을 넣고, 말차가루를 작은 체로 쳐서 넣는다. 말차가루는 덩어리지기 쉬우므로, 체로 쳐서 넣는 것이 좋다.

4 같은 크기의 볼에 얼음물을 담고, 3의 볼을 겹쳐 올린 채 핸드믹서로 80%까지 거품을 낸다. 생크림은 따뜻하면 분리되므로, 차가운 상태로 거품을 낸다. 물이 들어가면 거품이 올라오지 않으니 주의한다. 처음에는 생크림이 볼 밖으로 튀지 않도록 저속으로 거품을 내기 시작해, 핸드믹서를 천천히 움직인다.

5 걸쭉해지면 중속에서 고속으로 점차 속도를 높인다. 볼 가운데에서 원을 그리며 골고루 거품을 낸다. 핸드믹서를 멈추고, 날로 떠 올렸을 때 탄력이 생기면 말차크림이 완성이다ⓒ. 여러 번 확인하며 적절한 농도로 만든다.

6 짤주머니에 말차크림을 담는다. 짤주머니 입구를 바깥으로 조금 젖혀서 접고, 그 부분에 손가락을 넣어서 짤주머니를 받치며 말차크림을 담는다. 접은 부분을 다시 펼치고, 짤주머니 밖에서 스크레이퍼로 말차크림을 밀어서 짤주머니 끝으로 보낸다.

7 짤주머니 끝을 조금 자르고, 구멍을 낸 시폰 케이크에 짜 넣는다ⓓ.

8 시폰 케이크를 랩으로 감싸고, 냉장실에 넣어서 약간 차갑게 굳히면 모양이 잡힌다. 원하는 두께로 자른다.

ⓐ ⓒ
ⓑ ⓓ

놀랄 만큼 섬세한 식감

Pound Cake
파운드 케이크

럼 레이즌 파운드 케이크

버터에 그래뉴당을 조금씩 섞어서 공기를 품게 만들면 결이 고운 케이크가 된다.

일반적인 레시피로 만들면

marimo 레시피로 만들면

○ 마치 솜 같은 반죽.

◆ 마치 실크 같은 반죽.

◆ 결이 곱고 촉촉한 식감.

럼주의 향이 풍미를 더욱 높이는
럼 레이즌
파운드 케이크

[다음 날] [상온에서 4~5일]

🗒 재료

18×8×8cm 파운드 틀 1개 분량

무염 버터 100g
그래뉴당 100g
달걀 2개보다 조금 적게(80g)
┌ 박력분 100g
└ 베이킹파우더 1/2작은술(2g)
럼 레이즌* 80g
(취향에 따라) 럼주 15g
(*럼 레이즌: 건포도를 럼주에 절인 것(옮긴이))

📅 미리 준비하기

• 파운드 틀에 오븐용 유산지를 깐다.
• 박력분과 베이킹파우더는 함께 체로 친다.
• 버터와 달걀은 상온(약 20℃) 상태로 만든다.
• 오븐은 180℃로 예열한다.

 만드는 법

1 볼에 버터를 넣고, 상온(약 20℃) 상태로 만든다. 버터가 단단하면 고무주걱으로 으깨서 매끈해질 때까지 풀어준다 ⓐ. 파운드 케이크와 같은 버터 케이크의 반죽은 버터를 휘저을 때 공기를 끌어모으는 성질을 살리면 부드럽게 부풀고 결이 고와진다. 버터의 온도를 상온에 맞춰서 크림처럼 부드럽게 만들어야 이러한 성질이 발휘된다.

2 그래뉴당을 5~6회에 나누어 넣고, 넣을 때마다 핸드믹서로 약 1분씩 섞는다. 한꺼번에 넣으면 잘 섞이지 않으니 조금씩 넣으며 버터 속에 공기를 품게 하며 섞는다ⓑ. 도중에 볼 옆면에 묻은 반죽은 고무주걱으로 긁어서 넣는다ⓒ. 반죽이 하얗게 변하면 된다.

3 풀어둔 달걀을 5~6회에 나누어 넣고ⓓ, 넣을 때마다 핸드믹서로 약 1분씩 섞는다. 한꺼번에 넣으면 분리되니 조금씩 넣는다. 달걀이 차가우면 버터도 차갑고 단단해져서 잘 섞이지 않으므로, 상온(약 20℃) 상태로 만든다.

4 박력분과 베이킹파우더를 절반만 넣고, 고무주걱으로 바닥에서 위로 뒤집으며 섞는다ⓔ.

5 90% 정도 섞이면 볼 옆면을 고무주걱으로 긁어내고, 나머지 박력분과 베이킹파우더, 럼 레이즌을 넣어서 같은 방법으로 섞는다ⓕ. 볼 가장자리의 날가루는 가끔 긁어서 넣는다.

6 날가루가 사라지면 50회 정도 같은 방법으로 섞어서 윤기가 나고 매끈한 반죽을 만든다ⓖ. 날가루가 막 사라졌을 때는 알갱이가 약간 남아 있고 광택이 없지만 계속 섞으면 윤기가 나고 매끈해지므로, 상태를 잘 보면서 섞는다.

7 틀에 깔아둔 유산지의 좁은 옆면 쪽 가장자리는 틀 안으로 쓰러지니 반죽을 조금 묻혀서 고정한다ⓗ. 틀에 반죽을 붓는다ⓘ.

8 오븐 팬에 틀을 올리고 오븐에 넣는다. 약 45분간 굽는다. 10분간 굽다가 잠시 꺼내서 가운데에 칼집을 내고, 다시 오븐에 넣는다ⓙ. 칼집을 내면 예쁘게 갈라진 채로 구워진다. 오븐 내부 온도가 떨어지지 않도록 재빨리 작업한다.

9 틀 바닥을 작업대 위에 내리쳐서 케이크 속의 뜨거운 공기를 빼낸다. 이렇게 하면 케이크가 덜 쪼그라든다.

10 두꺼운 장갑을 끼고, 유산지 양끝을 잡은 채 틀에서 꺼내 그대로 식힘망에 올린다.

11 바닥 면을 제외한 면에 럼주를 솔로 바른 다음 식힌다.

✅ point
버터를 크림 상태로 만든 다음 그래뉴당을 넣는다.

✅ point
그래뉴당은 조금씩 넣으며 섞는 것이 포인트.

✅ point
버터와 마찬가지로 달걀도 반드시 상온 상태로 만들어둔다.

✅ point
반죽이 매끈하고 윤기가 날 때까지 섞는다.

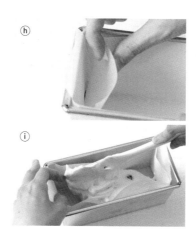

캐러멜크림을 넣어 깊은 단맛이 느껴지는

무화과 캐러멜
파운드 케이크 다음 날 상온에서 4~5일

📋 재료

18×8×8㎝ 파운드 틀 1개 분량

무염 버터 100g
그래뉴당 60g
달걀 2개보다 조금 적게(80g)
┌ 박력분 100g
└ 베이킹파우더 1/2작은술(2g)
말린 무화과 100g
〈캐러멜크림〉
생크림 50g
┌ 그래뉴당 50g
└ 물 2작은술(10g)

🍳 미리 준비하기

• 말린 무화과는 사방 1㎝로 깍둑 썰고, 약 5분간 뜨거운 물에 담가서 불린다. 채반에 건지고, 키친타월로 물기를 닦아낸다. 말린 과일을 그냥 넣으면 반죽의 수분을 흡수해서 케이크를 퍼석하게 만든다.
• 파운드 틀에 오븐용 유산지를 깐다.
• 박력분과 베이킹파우더는 함께 체로 친다.
• 버터와 달걀은 상온(약 20℃) 상태로 만든다.
• 오븐은 180℃로 예열한다.

🥣 만드는 법

1 캐러멜크림을 만든다(오른쪽 참고).

2 '럼 레이즌 파운드 케이크'(p.64) 만드는 법 1~3과 같은 방법으로 진행한다.

3 박력분과 베이킹파우더에서 1큰술을 덜어서 넣고, 핸드믹서로 섞는다(분리를 방지하기 위해).

4 캐러멜크림을 넣고 핸드믹서로 섞는다. 캐러멜크림이 식어서 굳었으면 중탕으로 사람의 체온 정도로 데워서 부드럽게 만들어 넣는다. 그러면 잘 섞인다.

5 균일하게 섞이면 볼 옆면을 고무주걱으로 긁어낸다. 나머지 박력분과 베이킹파우더, 말린 무화과를 넣고, 고무주걱으로 바닥에서 위로 뒤집으며 섞는다. 볼 가장자리의 날가루는 긁어서 넣는다.

6 날가루가 사라지면 50회 정도 같은 방법으로 섞어서 윤기가 나고 매끈한 반죽을 만든다.

7 틀에 깔아둔 유산지의 좁은 옆면 쪽 가장자리에 반죽을 조금 묻혀서 고정하고, 반죽을 붓는다.

8 오븐 팬에 틀을 올리고 오븐에 넣는다. 약 45분간 굽는다. 10분간 굽다가 잠시 꺼내서 가운데에 칼집을 내고, 다시 오븐에 넣는다. 오븐 내부 온도가 떨어지지 않도록 재빨리 작업한다.

9 틀 바닥을 작업대 위에 내리쳐서 케이크 속의 뜨거운 공기를 빼낸다.

10 두꺼운 장갑을 끼고, 유산지 양끝을 잡은 채 틀에서 꺼내 그대로 식힘망에 올려서 식힌다.

전자레인지로 캐러멜크림 만드는 법

1 생크림은 600W 전자레인지로 약 30초간 가열해 사람의 체온 정도로 데운다.

2 내열 용기에 그래뉴당과 물을 넣고, 전자레인지로 약 3분간 가열한다. 온도가 약 180℃까지 올라가므로, 내열 유리 볼을 쓰는 것이 좋다. 약 2분 후에 상태를 보면서 15초씩 추가로 가열한다. 마지막에는 용기의 남은 열로도 내용물의 색이 변하므로, 시간을 조금 남긴 채 작동을 멈춰서 상태를 확인한다ⓐ.

3 캐러멜색이 나면 1의 생크림을 조금씩 붓는다ⓑ. 온도가 높아서 용기 밖으로 캐러멜이 튀니 두꺼운 장갑을 끼는 것이 좋다. 차가운 생크림을 부으면 온도 차이 때문에 캐러멜이 굳으므로, 꼭 데워서 붓는다.

4 작은 거품기로 가볍게 섞어서 균일하게 만든다ⓒ. 그대로 상온에 두고 식힌다.

맛있는 인기 만점 디저트를 직접 만들자

Lemon Cake

레몬 케이크

달걀과 설탕을 거품 내서
결이 곱고 입에서 살살 녹는
양질의 반죽을 만든다.

일반적인 레시피로 만들면

marimo 레시피로 만들면

○ 촉촉하고 맛있다.

◆ 폭신&촉촉하고 입에서 살살 녹는다.

◆ 글라스 아 로를 묻혀서 더욱 빛난다.

레몬즙을 넣은 글라스 아 로를
묻혀서 마무리한

레몬 케이크

[다음 날] [상온에서 4~5일]

🥛 재료

8×5×3㎝ 레몬 모양 틀 6개 분량

달걀 1개(55g)
그래뉴당 45g
플레인 요거트 15g
┌ 박력분 55g
└ 베이킹파우더 1/4작은술(1g)
무염 버터 45g
레몬(국내산) 껍질 1/2개 분량
〈글라스 아 로〉
레몬즙 15g
슈거파우더 75g
피스타치오 적당량(장식용)

🍳 미리 준비하기

• 틀에 버터 또는 식물성 기름(각 분량 외)을 바른다.
  그러면 다 구운 후 틀에서 잘 떨어진다. 솔로 바르
  거나 키친타월에 묻혀서 발라도 된다.
• 박력분과 베이킹파우더는 함께 체로 친다.
• 버터는 중탕해서 약 50℃로 데운다. 거의 녹았을
  때 뜨거운 물을 갈아주면 적정 온도가 된다.
• 레몬 껍질은 강판에 간다.
• 달걀은 상온 상태로 만든다.
• 오븐은 180℃로 예열한다.

 만드는 법

1 볼에 풀어둔 달걀과 그래뉴당을 넣고, 중탕으로 체온 정도로(약 35℃) 데운다ⓐ. 달걀을 데우면 반죽이 폭신해진다.

2 핸드믹서 날을 볼에 수직으로 세워 넣고, 고속으로 돌려 약 3분간 걸쭉해질 때까지 거품을 낸다. 볼 크기의 2/3 정도로 원을 그리듯 핸드믹서를 빙빙 돌린다. 다른 손으로 가끔 볼을 반대 방향으로 돌리며 골고루 거품을 낸다ⓑ.

3 날을 수직으로 세운 상태에서 저속으로 설정하고, 한 부분당 약 5초씩 머무르며 반죽의 기포를 꺼뜨린다ⓒ. 5초마다 핸드믹서 날의 위치를 조금씩 옆으로 이동시키며 한 바퀴 돌면서 약 1분간 거품을 내어 결을 정돈한다.

4 플레인 요거트를 넣고, 핸드믹서를 저속으로 유지하며 잘 어우러지게 천천히 섞는다.

5 박력분과 베이킹파우더를 3회에 나누어 넣고, 넣을 때마다 고무주걱의 면으로 바닥에서 위로 뒤집으면서 날가루가 사라질 때까지 섞는다. 볼을 시계라고 생각했을 때 고무주걱을 2시 지점에서 8시 지점으로 볼 가운데를 지나며 사선으로 움직이고ⓓ, 반죽을 뒤집으며 10시 지점으로 갔다가 2시 지점으로 되돌아온다ⓔ. 8시 지점에서 10시 지점으로 갈 때 왼손으로 볼을 시계 반대 방향으로 60도 정도 돌리면 오른손의 위치가 고정되어도 반죽 전체를 균일하게 섞을 수 있다.

6 약 50℃로 데워서 녹인 버터를 3회에 나누어 넣고, 넣을 때마다 5와 같은 방법으로 섞는다. 버터가 보이지 않으면 5~10회 섞다가 레몬 껍질을 넣고, 균일해질 때까지 10회 정도 더 섞어서 반죽을 완성한다.

7 틀에 반죽을 붓는다ⓕ. 오븐 팬에 틀을 올리고 오븐에 넣는다. 약 15분간 굽는다. 골고루 구워지도록 10분 후에 오븐 팬의 방향을 돌린다. 전체적으로 노릇노릇해지고, 틀과 레몬 케이크 사이에 살짝 틈이 생기면 완성이다.

8 틀 위에 식힘망을 올리고, 틀째 뒤집어서 꺼낸다. 한 김 식으면 마르지 않도록 랩을 씌워서 완전히 식힌다.

9 작은 볼에 레몬즙과 체로 친 슈거파우더를 넣고, 거품기로 섞어서 데코레이션용 글라스 아 로를 만든다. 되직해지면 중탕으로 약 30℃로 데운다. 묽어져서 묻히기 편하다.

10 8을 뒤집어서 9를 묻히고ⓖ, 오븐용 유산지 위에 올린다. 마르기 전에 다진 피스타치오로 장식한다ⓗ. 상온에서 약 1시간 동안 두어서 굳힌다.

point

달걀을 거품 내기 전에 중탕해서 사람의 체온 정도로 데운다.

point

달걀의 기포를 꺼뜨려서 결을 정돈하며 거품을 낸다.

ⓐ

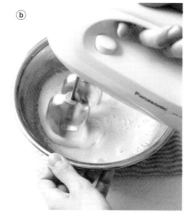

ⓑ

ⓒ

point

가루 재료를 넣고, 고무주걱의 면을 이용해 바닥에서 위로 뒤집으면서 섞는다.

ⓓ

ⓔ

ⓕ

point

글라스 아 로의 양이 레몬 케이크에 딱 맞기 때문에 되도록 작은 볼에 작업한다.

point

굳는 시간은 습도에 따라 덜 걸릴 수도, 더 걸릴 수도 있다.

보관 시 주의할 점

레몬 케이크 속의 수분이 글라스 아 로에 전달되어 점차 녹을 수 있습니다. 그래도 맛있지만 빨리 다 먹는 것이 좋아요.

ⓖ

ⓗ

밸런타인데이에도,
선물로도
좋은 디저트

[브라우니] 오렌지 호두 브라우니
초콜릿 살라미
로셰
너트 캐러멜리제
쿠키 박스
작은 쿠키 박스
[응용한 아이스박스 쿠키] 홍차 쿠키 / 더블 초콜릿 쿠키
투명 케이스에 담은 쿠키
마들렌 박스
장식품이 되는 진저 쿠키

볼 하나에 모든 재료를 녹여서 섞으면 끝!

Brownie

브라우니

오렌지 호두 브라우니

초콜릿에 뜨거운 김이 들어가지 않도록
중탕용 물을 담는 볼은
반죽용 볼보다 조금 작은 것을 쓴다.

일반적인 레시피로 만들면

○ 달걀에 거품을 내야 한다.

✦ marimo 레시피로 만들면

◆ 거품을 낼 필요가 없어 간단하고, 촉촉&
  포슬포슬한 식감이 난다.
◆ 초콜릿의 풍미가 충분히 느껴진다.

초콜릿과 정말 잘 어울리는 조합
오렌지 호두
브라우니

[다음 날] [차가워도 맛있어요] [냉장실에서 2~3일]

📋 재료

15㎝ 사각 틀 1개 분량

초콜릿 50g
무염 버터 40g
그래뉴당 35g
달걀 1개(55g)
┌ 박력분 30g
│ 코코아가루 5g
└ 베이킹파우더 1/4작은술(1g)
오렌지 필 25g
호두 15g
※ 초콜릿은 카카오 함량이 높은 시판 제품을 사용한다.

🔥 미리 준비하기

• 틀에 오븐용 유산지를 깐다.
• 달걀을 풀어서 25~30℃로 중탕한다.
• 박력분과 코코아가루, 베이킹파우더는 함께
  체로 친다.
• 오븐은 160℃로 예열한다.

 ## 만드는 법

1 볼에 초콜릿과 버터, 그래뉴당을 넣는다. 반죽용 볼보다 한 사이즈 작은 볼에 중탕용 뜨거운 물을 담고, 그 위에 반죽용 볼을 올려서 초콜릿을 녹인다ⓐ. 45~50℃가 되면 적당히 흐르는 상태가 되어 작업하기 편하다. 초콜릿에 수분이 들어가면 분리되니 뜨거운 김이 들어가지 않도록 주의한다.

2 풀어둔 달걀을 넣고 섞는다ⓑ. 반죽이 유화되어 되직해진다. 달걀이 차가우면 초콜릿이 식어서 반죽이 굳으니 중탕으로 25~30℃로 만든다.

3 박력분과 코코아가루, 베이킹파우더를 넣고, 거품기를 수직으로 세워서 섞는다ⓒ. 볼 가장자리에 날가루가 남기 쉬우므로, 모두 긁어서 넣고 섞는다. 날가루가 보이지 않으면 다 섞인 것이다ⓓ.

4 오렌지 필을 넣고, 골고루 퍼질 때까지 섞어서 반죽을 만든다ⓔ. 다 섞은 반죽의 온도는 30℃가 된다. 반죽의 온도가 더 낮아지면 굳어서 틀에 붓기 어렵다.

5 틀에 반죽을 붓고, 부순 호두를 올린다ⓕ.

6 틀을 오븐에 넣고, 약 11분간 굽는다(오븐에 따라 구워지는 색을 보며 시간을 조절한다). 반죽이 얇아서 너무 오래 구우면 딱딱해지니 주의한다. 굽는 시간이 짧으니 도중에 오븐 팬의 방향을 바꾸지 않아도 된다.

플레인도 맛있어요

오렌지 필과 호두를 넣지 않고 만들면 심플한 브라우니가 됩니다. 이것도 맛있어요.

point

달걀을 25~30℃로 데우면 초콜릿과 잘 섞
인다.

Wrapping Ideas

시판하는 상자에 담고, 영문 씰로 장식한다.

고급스러운 모양이 선물로 제격인

Chocolate Salami

초콜릿 살라미

냉장실에서 2~3일

재료

3×3×10㎝ 막대 모양 2개 분량

호두 20g
마시멜로 20g
초콜릿 100g
생크림 60g
피스타치오 15g
말린 크랜베리 20g
슈거파우더(녹지 않는 제품) 적당량

미리 준비하기

• 500㎖ 우유 팩의 옆면 한쪽을 잘라내고, 입구 부분을 접어 넣은 다음 테이프로 고정해서 틀을 만든다ⓐ. 파운드 틀에 오븐용 유산지를 깔 때(파운드 케이크용, p.15)와 같은 방법으로 깐다.
• 생견과류를 사용하려면 미리 구워둔다.

만드는 법

1 호두와 마시멜로는 사방 1㎝로 깍둑 썬다.

2 초콜릿은 다져서 볼에 넣는다. 되도록 잘게 다져야 빨리 녹는다.

3 내열 용기에 생크림을 붓고, 600W 전자레인지로 약 40초간 가열해서 2에 붓는다ⓑ.

4 잠시 두었다가 거품기로 저으며 생크림의 열로 초콜릿을 천천히 녹여서 균일하게 섞는다. 초콜릿이 다 녹지 않고 남으면 중탕으로 마저 녹인다.

5 1과 피스타치오, 말린 크랜베리를 넣고 섞어서 반죽을 만든다ⓒ.

6 우유팩에 반죽을 붓고, 윗면을 평평하게 만든다.

7 냉장실에서 약 3시간 동안 차갑게 굳힌다.

8 우유팩에서 굳은 반죽을 빼고, 칼로 세로로 반을 잘라서 겉면에 슈거파우더를 묻힌 다음 먹기 좋은 두께로 자른다. 칼날을 데워야 잘 잘리니 불에서 조금 멀리 댄 채 달구거나 뜨거운 물에 데운 다음 자른다. 슈거파우더를 묻히면 손으로 집어도 잘 녹지 않는다.
※ 시간이 지나도 녹지 않는 토핑용 슈거파우더를 쓰는 게 좋다.

Wrapping Ideas

나무 용기에 담고 투명 봉투에 포장해서 태그를 끼운 철사로 묶는다.

제과용 코팅 초콜릿을 사용하면 깔끔하게 굳는다

Rocher

로셰

냉장실에서 4~5일

재료

각 10개 분량

〈캐러멜 너트 로셰〉
너트 캐러멜리제 30g
초콜릿 80g
콘플레이크 20g

〈오렌지 화이트초콜릿 로셰〉
화이트초콜릿 80g
오렌지 필 5g
콘플레이크 20g

※ '너트 캐러멜리제'는 p.84 참고. 없으면 구운
믹스 너트를 사용한다.

미리 준비하기

• 중탕용 물을 끓인다.

만드는 법

〈캐러멜 너트 로셰〉

1 너트 캐러멜리제는 사방 7mm로 다진다.

2 볼에 초콜릿을 넣는다. 한 사이즈 작은 볼에 중탕용 뜨거운 물을 담고, 그 위에 초콜릿을 담은 볼을 올려서 녹인다. 초콜릿은 수분에 약하니 뜨거운 김이 들어가지 않도록 주의한다.

3 2에 1과 콘플레이크를 넣고 섞는다.

4 숟가락 2개로 오븐용 유산지에 조금씩 떠서 올리고 모양을 잡는다 ⓐ.

5 냉장실에 넣어서 약 10분간 차갑게 굳힌다.

〈오렌지 화이트초콜릿 로셰〉

1 화이트초콜릿은 '캐러멜 너트 로셰' 만드는 법 2와 같은 방법으로 녹인다.

2 오렌지 필과 콘플레이크를 넣고 섞는다.

3 숟가락 2개로 오븐용 유산지에 조금씩 떠서 올리고 모양을 잡는다.

4 냉장실에 넣어서 약 10분간 차갑게 굳힌다.

Wrapping Ideas

내용물이 보이는 길쭉한 투명 봉투에 2가지 색을 교대로 담고, 윗부분을 씰로 고정한다.

Caramelized Nuts

너트 캐러멜리제

냉장실에서 1주

재료

만들기 편한 분량

그래뉴당 50g
물 20g
믹스 너트 150g
무염 버터 3g

미리 준비하기

• 생견과류를 사용하려면 미리
  구워둔다.

만드는 법

1 코팅된 프라이팬에 그래뉴당과 물을 넣고, 중불에 올린다. 프라이팬을 흔들면서 가열해 큰 거품이 부글부글 끓게 만든다ⓐ.

2 불을 끄고 견과류를 넣는다.

3 나무주걱으로 약 1분간 계속 저으면 설탕이 점차 결정화된다.

4 프라이팬을 다시 중약불에 올리고, 캐러멜색이 날 때까지 저으며 가열한다. 연기가 나도 색이 변할 때까지 가열한다ⓑ.

5 색이 잘 나오면 불을 끄고 버터를 넣어 버무린다ⓒ. 버터를 넣어야 서로 달라붙은 견과류가 잘 떨어지고, 윤기가 난다.

6 오븐용 유산지에 견과류끼리 달라붙지 않도록 일정한 간격을 두고 올린 다음 완전히 식힌다.

ⓐ

ⓑ

ⓒ

Wrapping Ideas

스탠드형 지퍼백에 담는다.

쿠키 박스

철제 상자에 채우기만 해도 근사한 선물이 되는

다양한 종류의 쿠키를 퍼즐처럼 채워보세요. 열었을 때 기뻐하는
얼굴을 떠올리는 것만으로도 행복한 시간이 될 거예요.

12×12×4㎝ 철제 상자 사용

쿠키 박스를 채우는 법

1   박스 바닥에 방습제를 넣고, 오븐용 유산지를 깐다.
     쿠키 위에도 덮을 수 있도록 유산지를 좌우로 길게
     잘라서 깐다.

2   쿠키는 큰 것부터 담아야 빈틈없이 채우기 편하다.
     평범하게 쌓아 올리고, 세워서도 담아서 최대한 빽
     빽하게 채운다.

3   스노우볼 쿠키는 슈거파우더가 주변에도 묻으니 가
     장 마지막에 담는다. 만약 쿠키 박스를 들고 걸어갈
     예정이면 아예 담지 않는다.

{ 사진에서 담은 쿠키 }

- 코코넛 드롭 쿠키(p.38)
- 스노우볼 쿠키(바닐라, 말차)(p.40)
- 아이스박스 쿠키(커피 호두, 참깨)(p.42)
- 응용한 아이스박스 쿠키(홍차, 더블 초콜릿)(p.89)

철제 상자 모양을 바꿔서 스타일리시하게
작은 쿠키 박스

길쭉한 철제 상자에는 쿠키를 채워넣기 더 쉬워요.
잘 들어가지 않으면 쿠키를 반으로 자르기도 해요.
아이스박스 쿠키 4가지를 담았습니다.

16×4×3.5㎝ 철제 상자 사용

응용한 아이스박스 쿠키

향이 풍부해서 인기 있는 맛
홍차 쿠키

상온에서 2주

📋 재료

2×3.5cm 약 24개 분량

무염 버터 55g
슈거파우더 35g
달걀 10g
박력분 90g
홍차 잎 1작은술(2.5g)

🍳 미리 준비하기

• '참깨 쿠키'(p.42)와 같다.

🥣 만드는 법

'참깨 쿠키'와 같은 방법으로 만든다. 단, 1에서 참
깨와 소금 대신 홍차 잎을 넣는다. 2에서 반죽을
둥글려서 랩으로 감싸고, 10×12cm 직사각형으
로 만든다. 3에서 1.5×3cm로 자르고ⓐ, 겉면에
그래뉴당(분량 외)을 묻힌다. 4에서 오븐에 넣고,
약 17분간 굽는다.

초콜릿 마니아라면 참을 수 없는
더블 초콜릿 쿠키

상온에서 2주

📋 재료

4cm 정삼각형 약 20개 분량

무염 버터 55g
슈거파우더 35g
달걀 10g
┌ 박력분 80g
└ 코코아가루 8g
초콜릿 칩 40g

🍳 미리 준비하기

• 박력분과 코코아가루는 함께 체로 친다.
※ 그 외에는 '커피 호두 쿠키(p.42)'와 같다.

🥣 만드는 법

'커피 호두 쿠키'(p.42)와 같은 방법으로 만든다.
단, 인스턴트 커피가루와 호두는 넣지 않는다. 4
에서 초콜릿 칩을 넣는다. 6에서 반죽을 둥글려서
랩으로 감싸고, 양끝의 면이 삼각형인 길이 25cm
의 막대 모양으로 만든다ⓐ. 그래뉴당은 묻히지
않는다. 8에서 오븐에 넣고, 약 18분간 굽는다.

투명 케이스에 담은 쿠키

쿠키를 시판 원통 케이스에 착착 담기만 하면 됩니다.
간단한 선물로 가볍게 부담 없이 전할 수 있어요.

지름 8×높이 5.5cm 케이스 사용

세련된 선물로 완성되는
마들렌 박스

오븐용 유산지를 구겨서 깔고, 마들렌을 담기만 하면 됩니다.
조개 모양과 진하게 구워진 색이 마치 그림 같아요.

12×12×4cm 철제 상자 사용

크리스마스에도 직접 만든 디저트를 즐기자!
장식품이 되는 진저 쿠키
Christmas Ornament Cookies

생강과 잘 어울리는
흑설탕을 넣은
진저 쿠키

[상온에서 2주]

재료

만들기 편한 분량

무염 버터 60g
흑설탕 40g
달걀노른자 1개 분량(18g)
생강 10g
박력분 120g
※ 코코아가루로 반죽을 만든다면 박력분 110g과
코코아가루 10g을 함께 체로 친다.

미리 준비하기

• 박력분은 체로 친다.
• 버터와 달걀노른자는 상온 상태로 만든다.
• 오븐은 180℃로 예열한다.

ⓐ

만드는 법

1 볼에 버터를 넣고, 상온(약 20℃) 상태로 만든다. 버터가 단단하면 고무주걱으로 으깨서 매끈해질 때까지 풀어준다.

2 흑설탕을 2~3회에 나누어 넣고, 넣을 때마다 버터 속에 공기를 품게 하며 거품기로 섞는다. 반죽이 하얗게 변하면 된다.

3 달걀노른자를 넣고, 거품기로 섞다가 강판에 간 생강을 넣고 섞는다.

4 박력분을 넣고, 고무주걱의 날을 세워서 잡고 반죽을 자르듯이 섞는다. 5회 자르고 1회 뒤집는 리듬으로 섞으면 좋다. 볼 가장자리에 날가루가 남기 쉬우므로, 고무주걱으로 모두 긁어서 넣고 섞는다. 보슬보슬한 덩어리가 되면 반죽이 완성된 것이다.

5 고무주걱으로 반죽을 볼에 누르며 펴 발라서 매끈하게 만든다.

6 반죽을 한 덩어리로 뭉쳐서 오븐용 유산지 2장 사이에 넣고, 밀대로 약 25×20㎝ 크기가 되도록 민다ⓐ. 두께는 약 3mm가 적당하다. 오븐용 유산지 사이에 넣고 밀면 랩 사이에 넣는 것보다 반죽 겉면에 주름이 덜 생긴다.

7 트레이에 반죽을 올리고, 냉장실에 넣어서 약 10분간 차갑게 굳힌다. 반죽이 차가우면 단단해져서 틀로 찍기 수월하다.

8 원하는 모양의 틀로 찍어내고, 오븐용 유산지를 깐 오븐 팬에 반죽을 올린다.

9 오븐 팬을 오븐에 넣고 굽는다(반죽의 크기와 오븐에 따라 구워지는 색을 보며 시간을 조절한다). 지름 4㎝ 정도 크기면 약 11분간, 지름 6㎝ 정도 크기면 약 14분간 굽는다.

10 하나씩 식힘망에 올려서 식힌다.
※ 투명한 봉투에 담아서 크리스마스트리에 장식해도 좋다.

틀은 취향에 맞게

해마다 틀을 늘려가는 것도
재미있어요.

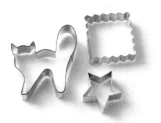

오븐 없이 만드는 초간단 디저트

푸딩
단호박 푸딩
슈거 버터 크레이프
[**밀 크레이프**] 초콜릿 바나나 밀 크레이프
네모 고구마 구이
밀크티 판나코타
[**아이스크림**] 커피 아이스크림 / 베리 아이스크림
[**젤리**] 포도 젤리 / 피치 티 젤리
[**셔벗**] 요거트 셔벗 / 망고 요거트 셔벗
과일 찹쌀떡

약불로 은은히 익혀 매끈하고 황홀한 식감

Pudding

푸딩

중탕으로 찌기만 하면
매끈한 푸딩 완성!
프라이팬으로도 맛있게 만들 수 있다.

일반적인 레시피로 만들면	marimo 레시피로 만들면
○ 익히는 도중에 바람이 들어도 알 수 없다.	◆ 익는 상태를 보면서 불을 조절할 수 있다.
○ 바람이 들면 퍼석퍼석한 식감이 난다.	◆ 매끈한 식감이 난다.

달걀의 부드러운 풍미와
씁쓸한 캐러멜의 절묘한 조화

푸딩

다음 날 상온에서 4~5일

재료

160㎖ 내열 유리컵 3개 분량

달걀 2개(110g)
그래뉴당 40g
우유 220g
바닐라 오일 5방울
〈캐러멜 소스〉
그래뉴당 20g
물 1/2큰술(7.5g)
뜨거운 물 1/2큰술(7.5g)

미리 준비하기

• 유리컵에 식물성 기름(분량 외)을 얇게 바른다.
• 지름 26㎝ 프라이팬에 2㎝ 높이로 물을 붓고,
뚜껑을 덮어서 끓인다.

 만드는 법

1 캐러멜소스를 만든다. 내열 용기에 그래뉴당과 물을 넣고, 600W 전자레인지로 약 3분간 가열한다. 온도가 약 180℃ 까지 올라가므로, 내열 유리 볼을 쓰는 것이 좋다. 플라스틱 그릇은 내열 온도가 약 140℃라서 전자레인지에 넣으면 안 된다. 약 2분 후에 상태를 보면서 15초씩 추가로 가열한 다. 마지막에는 용기의 남은 열로도 색이 변하므로, 시간을 조금 남긴 채 작동을 멈춰서 상태를 확인한다.

2 캐러멜색이 나면 뜨거운 물을 붓는다. 온도가 높아서 용기 밖으로 캐러멜이 튀니 두꺼운 장갑을 끼고 조금씩 붓는다. 찬물을 부으면 온도 차이 때문에 캐러멜이 굳으므로, 꼭 뜨 거운 물을 붓는다.

3 캐러멜소스가 굳기 전에 유리컵에 붓는다ⓐ.

4 볼에 달걀을 풀고, 그래뉴당을 넣어 거품기로 살살 섞는다. 반죽에 기포가 들어가므로, 되도록 거품을 내지 않는다.

5 내열 용기에 우유를 붓고, 600W 전자레인지로 약 2분간 가열해 75℃ 이상으로 데운다. 이때 최대한 우유를 뜨겁게 데워야 반죽의 온도가 올라가서 다음 과정에서 가열하는 시간이 단축된다.

6 데운 우유를 4에 조금씩 부으며ⓑ, 그래뉴당이 녹을 때까 지 섞는다. 바닐라 오일도 넣고 섞어서 반죽을 만든다.

7 반죽을 체에 거르고ⓒ, 그 위에 키친타월을 덮어서 거품을 제거한 다음ⓓ 3에 붓는다.

8 물을 끓여둔 프라이팬에 면포를 깔고, 유리컵을 넣는다. 뚜 껑을 조금 비스듬히 덮고ⓔ, 약불로 15~25분간 가열한다. 유리컵은 익는 상태가 잘 보이므로, 만약 푸딩에 바람이 들 어갈 듯하면 불을 줄인다. 화력과 프라이팬의 크기에 따라 가열 시간이 더 걸리기도, 덜 걸리기도 한다. 컵을 흔들었을 때 중심부까지 균일하게 흔들리면 푸딩이 완성된 것이다. 중심부만 파도가 치듯 움직이면 더 가열한다.

9 불을 끄고, 뚜껑을 덮은 채 약 10분간 뜸을 들인다.

10 프라이팬에서 꺼내 한 김 식히고, 냉장실에 넣어서 차갑게 만든다.

11 유리컵 바닥을 뜨거운 물에 약 20초간 담가서 캐러멜소스 를 살짝 녹인다. 윗면의 가장자리를 숟가락 뒷면으로 살살 눌러서 분리하고, 유리컵을 뒤집어서 접시에 올린다. 접시 째 손으로 든 채 좌우 수평으로 흔들면 푸딩이 빠진다.

✅ **point**
미리 푸딩을 만들 컵을 준비해서 캐러멜이
굳기 전에 붓는다.

✅ **point**
키친타월로 거품을 제거하면 컵에 부었을
때 거품이 남지 않는다.

✅ **point**
뚜껑을 비스듬히 덮어서 온도가 너무 올라
가지 않도록 한다. 푸딩에 바람이 들어갈 듯
하면 뚜껑을 많이 열어둔다.

크게 만들어서 원하는 만큼 잘라 먹어요
Pumpkin Pudding
단호박 푸딩

유리 내열 용기는 구움과자도 만들고
푸딩의 가열 상태도 볼 수 있는
일석이조의 조리 도구.

일반적인 레시피로 만들면

○ 크게 만들면 가열 시간이 길어져서 바람이
들기 쉽고, 불 조절이 어렵다.

✦✦ marimo 레시피로 만들면

◆ 익는 상태를 보면서 불을 조절할 수 있다.
◆ 단호박과 캐러멜의 맛 균형이 좋다.

단호박의 깊고 진한 감칠맛
단호박 푸딩

냉장실에서 1~2일

📖 재료

17×8×5㎝ 내열 용기
※ 여기서는 iwaki 용기를 사용했다.

단호박 과육 300g(약 1/4개)
달걀 2개(110g)
그래뉴당 40g
우유 220g
〈캐러멜소스〉
그래뉴당 20g
찬물 1/2큰술(7.5g)
뜨거운 물 1/2큰술(7.5g)

🍳 미리 준비하기

• 지름 26㎝ 프라이팬에 2㎝ 높이로 물을 붓고,
뚜껑을 덮어서 끓인다.

 만드는 법

1 단호박은 씨와 속을 파내고, 사방 5㎝로 깍둑 썰어 내열 접시에 담는다. 씨와 속을 파낸 단호박 300g을 체에 내리면 약 180g이 된다. 물을 살짝 뿌리고(분량 외), 랩을 씌운다.

2 600W 전자레인지로 약 3분간 부드러워질 때까지 가열한다. 회전판이 돌아가지 않는 전자레인지면 약 2분 후에 접시 방향을 돌려야 골고루 가열된다.

3 숟가락으로 과육을 파낸다ⓐ. 뜨거우니 화상에 주의한다.

4 체에 내려서 180g을 계량한다ⓑ.

5 '푸딩'(p.96) 만드는 법 1~2와 같은 방법으로 캐러멜소스를 만든다. 푸딩 반죽을 부을 내열 용기에 재료를 넣어서 캐러멜소스를 만들고, 그대로 식혀둔다.

6 볼에 달걀을 풀고, 그래뉴당을 넣어 거품기로 살살 섞는다. 반죽에 기포가 들어가므로, 되도록 거품을 내지 않는다.

7 체에 내린 단호박도 넣고ⓒ, 잘 어우러질 때까지 섞는다ⓓ.

8 내열 용기에 우유를 붓고, 600W 전자레인지로 약 2분간 가열해 75℃ 이상으로 데운다. 이때 최대한 우유를 뜨겁게 데워야 반죽의 온도가 올라가서 다음 과정에서 가열하는 시간이 단축된다.

9 데운 우유를 7에 조금씩 부으며, 그래뉴당이 녹을 때까지 섞어서 반죽을 만든다.

10 반죽을 체에 거르고, 그 위에 키친타월을 덮어서 거품을 제거한 다음 5에 붓는다.

11 물을 끓여둔 프라이팬에 면포를 깔고, 용기를 넣는다. 뚜껑을 조금 비스듬히 덮고, 약불로 25~35분간 가열한다ⓔ. 만약 푸딩에 바람이 들어갈 듯하면 불을 줄인다. 화력과 프라이팬의 크기에 따라 가열 시간이 더 걸리기도, 덜 걸리기도 한다. 용기를 흔들었을 때 중심부까지 균일하게 흔들리면 완성된 것이다. 중심부만 파도가 치듯 움직이면 더 가열한다.

12 불을 끄고, 뚜껑을 덮은 채 약 10분간 뜸을 들인다.

13 프라이팬에서 꺼내 한 김 식히고, 냉장실에 넣어서 차갑게 만든다.

14 내열 용기와 푸딩 사이에 칼날을 넣어 조심스럽게 한 바퀴 돌린다ⓕ. 접시를 덮고ⓖ, 그대로 접시째 뒤집어서 푸딩을 꺼낸다ⓗ.

✅ point

바람이 들지 않았는지 가열 도중에 한 번씩
확인한다.

✅ point

푸딩이 망가지지 않도록 용기 옆면을 따라
서 조심스럽게 칼날을 넣는다.

생각날 때 바로 만드는 접시 디저트

Sugar Butter Crepe
슈거 버터 크레이프

재료

지름 20㎝ 8장 분량

〈크레이프 반죽〉
우유 130g
달걀 1개(55g)
그래뉴당 20g
박력분 50g
무염 버터 10g
샐러드 오일(샐러드나 차가운 요리에
쓰는 식용유) 적당량

〈토핑〉
무염 버터 적당량
그래뉴당 적당량
시나몬가루 적당량

미리 준비하기

• 박력분은 체로 친다.

만드는 법

1 크레이프 반죽을 만든다. 내열 용기에 우유를 붓고, 600W 전자레인지로 약 30초간 가열해 사람의 체온 정도로 데운다. 우유를 데우면 그래뉴당이 잘 녹는다.

2 볼에 달걀을 풀고, 그래뉴당을 넣어 섞는다.

3 박력분을 넣고, 거품기를 수직으로 세워서 날가루가 사라질 때까지 섞는다. 볼 가장자리에 날가루가 남기 쉬우므로, 모두 긁어서 넣고 섞는다.

4 데운 우유를 2회에 나누어 붓고, 넣을 때마다 거품기를 수직으로 세워서 섞는다. 한꺼번에 넣으면 잘 섞이지 않는다.

5 내열 용기에 버터를 넣고, 600W 전자레인지로 약 40초간 가열해 녹인다. 너무 오래 가열하면 끓어 넘쳐서 전자레인지 내부에 튀니 주의한다.

6 5를 4에 붓고, 균일해질 때까지 섞어서 반죽을 만든다.

7 반죽을 체에 거른다ⓐ. 덩어리가 사라지고 매끈한 반죽이 된다.

8 키친타월로 프라이팬에 기름을 얇게 펴 바른다.

9 지름 20㎝ 프라이팬을 불에 올려서 달군다. 반죽을 1국자 정도 붓고, 프라이팬을 돌려서 균일하게 퍼뜨린다. 구멍이 난 부분이 있으면 반죽을 떨어뜨려서 메운다ⓑ.

10 가장자리의 색이 변하면 나무주걱으로 뒤집는다ⓒ. 약 5초간 굽다가 불을 끄고 꺼낸다.

11 한 번 더 같은 양의 반죽을 부어서 불에 올리고, 같은 방법으로 굽는다. 코팅된 프라이팬은 기름을 추가하지 않아도 잘 구워지는 제품이 많은데, 달라붙을 듯하면 기름을 발라준다. 구운 크레이프는 겹쳐놓으면 마르지 않는다.

12 크레이프를 접어서 접시에 담는다. 버터를 올리고, 그래뉴당과 시나몬가루를 뿌린다.

겹쳐서 쌓기만 해도 홀 케이크가 되는

Mille Crêpes
밀 크레이프

초콜릿 바나나 밀 크레이프

틈새를 메우듯 바나나 위에
생크림을 펴 바르면
평평하고 예쁘게 완성된다.

일반적인 레시피로 만들면

○ 크레이프 사이에 과일을 넣으면 깔끔하게
쌓을 수 없다.

marimo 레시피로 만들면

◆ 층이 예쁘게 만들어진다.
◆ 2가지 크림을 발라서 더욱 풍성하고 특별한
맛이 난다.

한 입으로 재료의 조화를
즐길 수 있는

초콜릿 바나나
밀 크레이프

냉장실에서 1~2일

재료

지름 20cm 1개 분량

〈크레이프 반죽〉
우유 260g
달걀 2개(110g)
그래뉴당 40g
박력분 100g
무염 버터 20g
샐러드 오일 적당량
〈생초콜릿〉
초콜릿 50g
생크림 35g
〈데코레이션〉
바나나 2개
생크림 265g
그래뉴당 25g

미리 준비하기

• 박력분은 체로 친다.

 ## 만드는 법

1 '슈거 버터 크레이프'(p.104) 만드는 법 1~11과 같은 방법으로 크레이프 10장을 굽고, 마르지 않도록 겹쳐둔다ⓐ.

2 바나나는 약 3mm 두께로 가지런히 썬다ⓑ.

3 생초콜릿을 만든다. 내열 볼에 쪼갠 초콜릿과 생크림을 넣고, 200W 전자레인지로 약 1분간 가열한 다음 볼을 살짝 흔들어서 균일하게 만든다. 이 과정을 3회 반복해서 초콜릿이 다 녹을 때까지 총 3분간 가열한다. 만약 타블렛형 초콜릿을 사용한다면 쪼개지 않아도 된다.

4 거품기로 저어서 균일하게 만들고 식힌다.

5 다른 볼에 데코레이션용 생크림과 그래뉴당을 넣고, 볼 바닥을 얼음물이 담긴 볼에 겹쳐서 올린 채 핸드믹서로 80%까지 거품을 낸다. 생크림은 따뜻하면 분리되므로, 차가운 상태로 거품을 낸다. 물이 들어가면 거품이 올라오지 않으니 주의한다. 처음에는 생크림이 볼 밖으로 튀지 않도록 저속으로 거품을 내기 시작해, 핸드믹서를 천천히 움직인다. 걸쭉해지면 중속에서 고속으로 점차 속도를 높인다. 볼 가운데에서 원을 그리며 골고루 거품을 낸다. 핸드믹서를 멈추고 날로 떠 올렸을 때 탄력이 생기면 완성이다.

6 평평한 접시에 크레이프 1장을 올린다(회전판을 사용하면 작업하기 수월하다). 생크림 적당량을 고무주걱으로 떠서 올리고, 가운데가 높이 솟지 않고 평평해지도록 나이프로 펴 바른다. 팔레트 나이프를 쓰면 펴 바르기 쉽다ⓒ. 아래층부터 크레이프 사이에 ①생크림, ②생크림, ③생크림과 바나나, ④생초콜릿, ⑤생크림, ⑥생크림과 바나나, ⑦생초콜릿, ⑧생크림, ⑨생크림 순서로 펴 바르며 쌓아 올린다. 바나나를 함께 쌓을 때는 생크림을 얇게 펴 바른 다음 바깥쪽부터 바나나를 늘어놓고, 가운데는 비워둔다ⓓ. 그리고 빈틈을 메우듯 바나나 위에도 생크림을 펴 바른다. 생초콜릿은 생크림과 같은 방법으로 펴 바른다ⓔ. 생초콜릿이 묽어서 흐를 듯하면 볼을 얼음물이 담긴 볼에 올린 다음 온도를 낮춰서 되직하게 만든 후에 작업한다. 맨 위에는 가장 예쁘게 구워진 크레이프를 올린다ⓕ. 크레이프를 올리다가 어긋나면 생크림 위를 미끄러지듯이 움직여서 위치를 잡는다.

7 냉장실에 넣어서 약 2시간 동안 차갑게 굳힌다.

✔ point

가운데만 높이 솟기 쉬우므로 생크림을 평
평하게 펴 바르는 데 신경 쓴다.

✔ point

크레이프의 위치를 조정할 때는 생크림 위
를 미끄러지듯이 움직인다.

Sweet Potato

네모 고구마 구이

냉장실에서 1~2일

재료

사방 2.5cm 16개 분량

고구마 1개(손질 후 약 250g)
그래뉴당 25g 정도
무염 버터 15g
달걀노른자 1개 분량(18g)
생크림(우유도 가능) 30g 정도
바닐라 오일 6방울
검은깨 적당량

미리 준비하기

• 버터는 상온 상태로 만든다.

ⓐ

ⓑ

ⓒ

만드는 법

1. 고구마는 껍질을 벗기고, 250g으로 계량한다. 둥글게 썰어서 물을 살짝 적시고 내열 접시에 담는다. 랩을 씌워서 600W 전자레인지로 약 5분간 가열해 부드럽게 익히고, 200g을 사용한다. 군고구마를 구할 수 있으면 200g을 준비하기 편하다. 익힌 고구마가 따끈따끈해야 만들기 수월하다.

2. 고구마가 손으로 만질 수 있을 정도로 식으면 두툼한 지퍼백에 넣고, 밀대로 두드려서 부드러워질 때까지 으깬다ⓐ.

3. 그래뉴당을 넣고, 손으로 주물러서 섞는다. 고구마에 따라 당도의 차이가 있으므로, 맛을 보며 그래뉴당의 양을 조절한다.

4. 버터를 넣고, 손으로 주물러서 섞는다.

5. 달걀노른자의 3/4 분량을 넣고, 손으로 주물러서 섞는다. 나머지 달걀노른자는 반죽 윗면에 바를 때 사용하니 따로 보관해둔다.

6. 생크림과 바닐라 오일을 넣고, 손으로 주물러서 매끈하게 반죽을 만든다ⓑ. 고구마에 따라 수분의 차이가 있으므로, 부드러운 정도를 보면서 생크림의 양을 가감한다.

7. 지퍼백 바닥에 반죽을 모으고, 약 5×2.5×20cm의 막대 모양으로 만든다ⓒ.

8. 지퍼백을 가위로 잘라서 열고, 칼로 반죽을 정육면체로 자른다.

9. 알루미늄 포일 위에 올리고, 윗면에 달걀노른자를 솔로 바른 다음 검은깨를 뿌린다. 솔 대신 숟가락 뒷면으로 발라도 된다.

10. 600W 오븐 토스터에 넣고, 약 8분간 노릇노릇해질 때까지 굽는다(토스터에 따라 구워지는 색을 보면서 시간을 조절한다). 오븐에 굽는다면 180°C로 예열한 다음 약 8분간 굽는다.

처음에 뜨거운 물로만 우려내서 홍차의 향을 끌어낸

Milk Tea Panna Cotta

밀크티 판나코타

냉장실에서 1~2일

재료

200㎖ 용기 4개 분량

판 젤라틴 5g
홍차 잎 1큰술(6g)
물 50g
우유 250g
그래뉴당 40g
생크림 200g

만드는 법

1 판 젤라틴은 잠길 정도의 얼음물(분량 외)에 담가서 5~10분간 불린다. 물이 미지근하면 젤라틴이 녹아버리므로 얼음물을 사용한다. 판 젤라틴은 불리는 용기 크기에 맞춰 절반 정도로 자르면 쓰기 편하다.

2 작은 냄비에 홍차와 물을 넣고, 약불에 올린다. 끓으면 우유와 그래뉴당을 넣어ⓐ 가볍게 젓고, 약 5분간 가열한다ⓑ. 끓어 넘치지 않도록 주의한다.

3 체에 거르며 볼에 옮겨 담아서 홍차 잎을 제거해 홍차액을 만든다.

4 불린 젤라틴의 물기를 꽉 짜서 넣고ⓒ, 고무주걱으로 저어서 녹인다. 홍차액이 뜨거워서 금방 녹는다.

5 볼 바닥을 얼음물이 담긴 볼에 겹쳐서 올린 채 식힌다. 다음 과정에서 생크림을 부을 때 젤라틴을 녹인 홍차액이 뜨거우면 생크림이 분리되기 때문이다. 이때 완전히 식혀두면 차갑게 굳히는 시간을 단축할 수 있다.

6 한 번 더 체에 걸러서 자잘한 홍차 잎과 다 녹지 않고 남은 젤라틴을 제거한다.

7 생크림을 붓고, 고무주걱으로 살살 섞는다. 균일하게 어우러지면 다 섞인 것이다.

8 용기에 붓고, 냉장실에 넣어서 2~3시간 동안 차갑게 굳힌다.

차갑게 굳은 순간, 입 안을 사르르 감싸는

Ice Cream
아이스크림

냉동실에서 1주

베리 아이스크림

커피 아이스크림

커피와 오레오 쿠키의 궁합이 좋은
커피 아이스크림

재료

4인분

인스턴트 커피가루 1/2큰술(2.5g)
생크림 100g
가당 연유 75g
오레오 쿠키 50g

※ 커피가루는 찬물에 녹는 제품을 사용한다.

 만드는 법

1 볼에 인스턴트 커피가루를 넣고, 생크림을 조금씩 부으며 저어서 녹인다. 다음 과정에서 사용할 핸드믹서 날로 저으면 설거지를 줄일 수 있다.

2 볼 바닥을 얼음물이 담긴 볼에 겹쳐서 올린 채 핸드믹서로 80%까지 거품을 낸다ⓐ. 생크림은 따뜻하면 분리되므로, 차가운 상태로 거품을 낸다. 물이 들어가면 거품이 올라오지 않으니 주의한다. 처음에는 생크림이 볼 밖으로 튀지 않도록 저속으로 거품을 내기 시작해, 핸드믹서를 천천히 움직인다. 걸쭉해지면 중속에서 고속으로 점차 속도를 높인다. 볼 가운데에서 원을 그리며 골고루 거품을 낸다. 핸드믹서를 멈추고 날로 떠 올렸을 때 탄력이 생기면 완성이다. 여러 번 확인하며 적절한 농도로 만든다.

3 가당 연유를 넣고ⓑ, 균일해질 때까지 핸드믹서로 섞는다. 그래뉴당이나 설탕은 넣지 않아도 된다.

4 오레오 쿠키를 부숴서 넣고, 고무주걱으로 골고루 퍼질 때까지 섞는다ⓒ.

5 용기에 4를 붓는다. 번거로우면 볼을 그대로 사용해도 된다.

6 냉동실에 넣어서 3~5시간 동안 차갑게 굳힌다.

재료는 3가지뿐! 베리의 산미가 느껴져요.
베리 아이스크림

재료

4인분

생크림 100g
가당 연유 60g
냉동 믹스 베리(딸기, 라즈베리) 75g

 만드는 법

1 볼에 생크림을 붓는다. 볼 바닥을 얼음물이 담긴 볼에 겹쳐서 올린 채 핸드믹서로 '커피 아이스크림'(위)과 같은 방법으로 80%까지 거품을 낸다.

2 가당 연유를 넣고, 균일해질 때까지 핸드믹서로 섞는다.

3 냉동 믹스 베리는 얼어 있는 상태로 두툼한 지퍼백에 넣고, 손으로 주물러서 으깬 다음 2에 넣는다.

4 용기에 3을 붓는다. 번거로우면 볼을 그대로 사용해도 된다.

5 냉동실에 넣어서 3~5시간 동안 차갑게 굳힌다.

상온에서 굳는 한천을 넣어 식감이 부들부들해요

Jelly
젤리

냉장실에서 1~2일

포도 젤리

피치 티 젤리

어른도 좋아하는
포도 젤리

재료

200㎖ 유리컵 4개 분량

그래뉴당 1큰술(15g)
한천가루 5g
포도 주스 300g
씨 없는 거봉 16알

만드는 법

1 그래뉴당과 한천가루를 섞는다. 한천가루는 입자가 고와서 덩어리지기 쉬우므로, 미리 그래뉴당과 섞어서 사용한다.

2 작은 냄비에 포도 주스를 붓고, 1을 넣어 섞는다.

3 냄비를 약불에 올리고, 작은 거품기로 저으며 가열해서 젤리액을 만든다.

4 냄비를 불에서 내리고, 바닥을 얼음물이 담긴 볼에 겹쳐서 올린 채 젤리액을 사람의 체온 정도로 살짝 따뜻하게 식힌다ⓑ. 완전히 식히면 젤리액이 굳어서 컵에 깔끔하게 부을 수 없으니 주의한다.

5 껍질을 벗긴 거봉을 유리컵에 담고, 젤리액을 붓는다.

6 냉장실에 넣어서 2~3시간 동안 차갑게 굳힌다. 상온에서도 굳지만 차가워야 더 맛있다.

복숭아 향이 산뜻한 맛
피치 티 젤리

재료

200㎖ 유리컵 4개 분량

그래뉴당 1큰술(15g)
한천가루 5g
복숭아 티 300g
백도 통조림(반으로 가른 것) 3조각

만드는 법

1 그래뉴당과 한천가루를 섞는다.

2 작은 냄비에 복숭아 티를 붓고, 1을 넣어 섞는다.

3 냄비를 약불에 올리고, 작은 거품기로 저으며 가열해서 젤리액을 만든다.

4 냄비를 불에서 내리고, 바닥을 얼음물이 담긴 볼에 겹쳐서 올린 채 젤리액을 사람의 체온 정도로 식힌다.

5 먹기 좋게 자른 백도를 유리컵에 담고, 젤리액을 붓는다.

6 냉장실에 넣어서 2~3시간 동안 차갑게 굳힌다.

보기보다 매끄러운 식감! 자주 주물러 섞을수록 크리미해진다

Sherbet

셔벗 냉동실에서 1주

망고 요거트 셔벗

요거트 셔벗

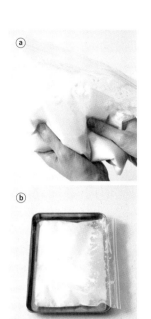

놀랄 만큼 쉬운데 산뜻하고 맛있는
요거트 셔벗

재료

4인분

플레인 요거트 200g
꿀 60g

만드는 법

1 냉동용 지퍼백에 재료를 모두 넣고, 손으로 주물러서 섞는다.

2 밀봉 후 냉동실에 넣어서 2~3시간 동안 차갑게 굳힌다. 30분마다 공기를 넣으며 손으로 주물러서 섞는다. 이때 금속 트레이에 지퍼백을 평평하게 펴 올리면 빨리 굳는다.

편의점에서도 살 수 있는 냉동 망고로 만드는
망고 요거트 셔벗

재료

4인분

냉동 망고 100g
플레인 요거트 100g
꿀 20g

만드는 법

1 냉동 망고는 상온에 약 10분간 두어서 살짝 해동한다.

2 냉동용 지퍼백에 재료를 모두 넣고, 손으로 주물러서 섞는다.

3 밀봉 후 냉동실에 넣어서 2~3시간 동안 차갑게 굳힌다. 30분마다 공기를 넣으며 손으로 주물러서 섞는다. 금속 트레이에 지퍼백을 평평하게 펴 올리면 빨리 굳는다.

좋아하는 과일을 넣어요. 백앙금과 잘 어울려요

Fruit Daifuku

과일 찹쌀떡

당일

재료

8개 분량

과일(딸기, 파인애플, 샤인머스캣 등) 8개
백앙금 200g
백옥분(건식 찹쌀가루) 100g
그래뉴당 25g
물 120g
전분 적당량

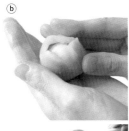

만드는 법

1 파인애플은 사방 2㎝로 썬다. 딸기는 작은 크기로 준비한다.

2 백앙금을 8등분해서 둥글린 다음 눌러서 평평하게 만든다ⓐ. 백앙금에 수분이 많아서 모양을 잡기 힘들면 키친타월로 감싸서 양 손바닥 사이에 넣고, 힘을 가해서 물기를 닦아낸다.

3 백앙금 위에 과일 1개를 올린 다음 감싼다ⓑ. 나머지 백앙금에도 같은 방법으로 과일을 넣는다.

4 내열 용기에 백옥분과 그래뉴당, 물을 넣고, 백옥분이 녹을 때까지 고무주걱으로 섞는다.

5 랩을 씌우지 않은 채 600W 전자레인지로 약 1분 30초간 가열한다.

6 일부분만 굳으니 고무주걱으로 저어서 균일하게 만들고, 같은 방법으로 약 1분간 더 가열한다. 고무주걱으로 저었을 때 점성이 생기면 반죽이 완성된 것이다ⓒ.

7 트레이에 전분을 뿌리고, 그 위에 반죽을 올린다. 반죽 윗면에도 전분을 묻힌다.

8 고무주걱으로 반죽을 8등분한다.

9 전분을 묻힌 손으로 반죽을 얇게 펴고, 과일을 넣은 앙금 위에 덮는다ⓓ. 반죽이 식으면 잘 늘어나지 않으니 뜨거울 때 작업한다. 화상에 주의한다.

10 감싼 뒷면을 손끝으로 꼬집어서 봉한다ⓔ.

도전해보고 싶은
워너비
디저트

[**업사이드 다운 케이크**] 사과 업사이드 다운 케이크
[**롤 케이크**] 딸기 롤 케이크
밤 콩가루 롤 케이크
[**타르트**] 초콜릿 타르트

사과 업사이드 다운 케이크

아래에 깔아둔 과일이 위로 올라가서 업사이드 다운!

Upside-down Cake

업사이드 다운 케이크

전자레인지로 가열한 사과와
전자레인지로 만든 캐러멜을 섞으면
간단하게 사과캐러멜조림 완성!

일반적인 레시피로 만들면

○ 사과캐러멜조림을 만들기 번거롭다.

marimo 레시피로 만들면

◆ 사과조림도 캐러멜소스도 전자레인지로 OK.
◆ 단맛을 줄인 반죽 덕분에 사과의 맛과 향이
  돋보인다.

바닥에 깐 캐러멜 사과가 예쁜

사과 업사이드 다운 케이크

냉장실에서 1~2일

🥤 재료

지름 15㎝ 원형 틀 1개 분량

〈반죽〉
사과 과육 200g(1개보다 조금 적음)
달걀 1개(55g)
그래뉴당 45g
박력분 45g
아몬드가루 10g
시나몬가루 1/4작은술(0.5g)
무염 버터 55g
〈캐러멜소스〉
그래뉴당 40g
물 2작은술(10g)
뜨거운 물 2작은술(10g)

🔥 미리 준비하기

• 틀에 오븐용 유산지를 깐다.
• 박력분과 아몬드가루, 시나몬가루는 함께 체로 친다.
• 버터는 중탕으로 녹여서 약 50℃로 데운다. 거의 녹았을 때 뜨거운 물을 갈아주면 약 50℃가 된다.
• 오븐은 180℃로 예열한다.

만드는 법

1 사과는 껍질과 심을 제거한 다음 5㎜ 두께로 썰고, 200g을 계량한다.

2 내열 용기에 사과를 담고, 랩을 씌워서 600W 전자레인지로 약 3분간 가열한다. 사과가 부드러워지면 랩을 벗기고, 그대로 식힌다. 랩을 벗길 때 뜨거운 증기가 나오니 화상에 주의한다.

3 캐러멜소스를 만든다. 내열 용기에 그래뉴당과 물을 넣고, 600W 전자레인지로 약 3분간 가열한다. 온도가 약 180℃까지 올라가므로, 내열 유리 볼을 쓰는 것이 좋다. 약 2분 후에 상태를 보면서 15초씩 추가로 가열한다. 마지막에는 용기의 남은 열로도 내용물의 색이 변하므로, 시간을 조금 남긴 채 작동을 멈춰서 상태를 확인한다.

4 캐러멜색이 나면 뜨거운 물을 조금씩 붓는다. 온도가 높아서 용기 밖으로 캐러멜이 튀니 두꺼운 장갑을 끼는 것이 좋다. 찬물을 부으면 온도 차이 때문에 캐러멜이 굳으므로, 꼭 뜨거운 물을 붓는다.

5 틀에 사과를 늘어놓는다. 먼저 한 겹으로 늘어놓고, 빈틈을 메우며 더 촘촘히 늘어놓는다ⓐ.

6 사과 위에 4의 캐러멜소스를 붓고ⓑ, 그대로 둔다.

7 반죽을 만든다. 볼에 풀어둔 달걀과 그래뉴당을 넣고, 상온(약 25℃) 상태로 만든다. 달걀이 차가우면 중탕으로 약 25℃까지 데운다. 달걀을 데우면 기포가 잘 생겨서 반죽이 폭신해진다.

8 핸드믹서 날을 볼에 수직으로 세워 넣고, 고속으로 돌려 약 3분간 걸쭉해질 때까지 거품을 낸다.

9 날을 수직으로 세운 상태에서 저속으로 설정하고, 한 부분당 약 5초씩 머무르며 반죽의 기포를 꺼뜨린다. 5초마다 핸드믹서 날의 위치를 조금씩 옆으로 이동시키며 한 바퀴 돌면서 약 1분간 거품을 내어 결을 정돈한다.
※ 거품 내는 법은 '레몬 케이크'(p.70) 만드는 법 2~3 참조.

10 박력분과 아몬드가루, 시나몬가루를 3회에 나누어 넣고, 넣을 때마다 고무주걱의 면으로 바닥에서 위로 뒤집으면서 날가루가 사라질 때까지 섞는다ⓒ. 고무주걱의 면을 이용해 섞도록 신경 쓴다. 볼을 시계라고 생각했을 때 고무주걱을 2시 지점에서 8시 지점으로 볼 가운데를 지나며 사선으로 움직이고, 반죽을 뒤집으며 10시 지점으로 갔다가 2시 지점으로 되돌아온다. 8시 지점에서 10시 지점으로 갈 때

왼손으로 볼을 시계 반대 방향으로 60도 정도 돌리면 오른손의 위치가 고정되어도 반죽 전체를 균일하게 섞을 수 있다.

11 약 50℃로 데워서 녹인 버터를 3회에 나누어 넣고ⓓ, 넣을 때마다 고무주걱의 면으로 바닥에서 위로 뒤집으며 섞어서 반죽을 만든다. 버터가 차가우면 굳어서 잘 섞이지 않으므로 약 50℃를 유지한다.

12 틀에 고무주걱으로 반죽을 붓는다.

13 틀을 오븐에 넣고, 약 25분간 노릇노릇해질 때까지 굽는다(오븐에 따라 구워지는 색을 보며 시간을 조절한다)ⓔ. 나무 꼬치로 찔렀을 때 걸쭉한 반죽이 묻어나지 않으면 완성이다.

14 식어서 캐러멜이 굳기 전에 접시를 덮고, 그대로 접시째 뒤집어서 케이크를 꺼낸 다음 유산지를 벗긴다.

✅ point
사과를 서로 바짝 붙여서 늘어놓으면 틀에서 꺼냈을 때 모양이 예쁘다.

✅ point
틀에 늘어놓은 사과 위에 바로 캐러멜소스를 붓는다.

Roll Cake

롤 케이크

딸기 롤 케이크

생크림을 펴 바르는 방법과
딸기를 채워 넣는 방법만 알면
휘리릭 예쁘게 말 수 있다.

일반적인 레시피로 만들면 ✦✦ marimo 레시피로 만들면

○ 급하게 말다가 크림이 튀어나온다.
◆ 천천히 말아도 동그랗게 완성된다.
◆ 스펀지 시트의 결이 곱고, 입에서 살살 녹는다.

스펀지 시트, 딸기, 생크림의 하모니

딸기 롤 케이크

냉장실에서 1~2일

🥤 재료

사방 24cm 롤 케이크 틀 1개 분량

〈스펀지 시트〉
┌ 달걀노른자 2개 분량(40g)
└ 그래뉴당 15g
식물성 기름(생참기름 등) 15g
우유 25g
┌ 달걀흰자 2개 분량(70g)
└ 그래뉴당 30g
박력분 35g

〈시럽〉
그래뉴당 7g
뜨거운 물 13g

〈필링〉
딸기 6개(약 85g)
생크림 100g
그래뉴당 10g

〈데코레이션〉
생크림 50g
그래뉴당 5g

🗓️ 미리 준비하기

• 달걀흰자는 볼에 담아서 냉장실에 넣어
  차갑게 만든다.
• 박력분은 체로 친다.
• 롤 케이크 틀에 크라프트지를 깐다.
• 오븐은 180°C로 예열한다.

🥄 만드는 법

1 볼에 달걀노른자와 그래뉴당 15g을 넣고, 핸드믹서를 고속으로 돌려 약 1분 30초간 거품을 낸다.

2 식물성 기름을 2회에 나누어 넣고, 핸드믹서로 약 40초씩 섞는다. 핸드믹서 날에 묻은 반죽은 손끝으로 훑어서 뗀다.

3 우유를 붓고, 거품기로 균일해질 때까지 섞은 다음 잠시 둔다.

4 그래뉴당 30g에서 1작은술을 덜어내 달걀흰자에 넣고, 핸드믹서로 거품을 낸다. 나머지 그래뉴당을 4회에 나누어 넣고, 넣을 때마다 거품을 내서 머랭을 만든다('머랭 만들기'(p.57) 참고).

5 박력분을 3에 넣고, 수직으로 세운 거품기로 덩어리 없이 걸쭉하고 균일한 상태가 될 때까지 섞는다.

6 4의 머랭을 한 주걱 덜어서 5에 넣고, 거품기로 3~4회 퍼 올리듯이 섞는다.

7 핸드믹서로 남은 머랭에 다시 거품을 내고, 6을 붓는다. 고무 주걱으로 바닥에서 위로 뒤집으며 섞어서 반죽을 만든다ⓐ.

8 틀에 반죽을 붓고, 스크레이퍼의 일직선인 쪽으로 펴서 네 귀퉁이까지 채운다. 스크레이퍼를 잡은 손은 고정된 위치에 두고, 틀을 90도씩 돌리며 윗면을 평평하게 만든다ⓑ.

9 틀을 오븐에 넣고, 약 14분간 굽는다.

10 오븐에서 틀을 꺼내고, 옆면의 크라프트지만 벗겨서 나무 도마나 작업대에 올린 채 식혀서 스펀지 시트를 완성한다. 한 김 식으면 랩을 씌워둔다.

11 시럽을 만든다. 내열 용기에 그래뉴당과 뜨거운 물을 넣고, 숟가락으로 저어서 녹인 다음 식힌다.

12 스펀지 시트 바닥면의 크라프트지를 벗기고, 빵칼로 아주 얕게(약 1mm) 1~2cm 간격으로 길게 칼집을 넣는다. 말기 시작하는 부분에는 간격을 좁혀서 칼집을 넣는다. 스펀지 시트가 끝나는 부분의 단면은 비스듬히 잘라낸다.

13 스펀지 시트에 시럽을 솔로 바르고ⓒ, 냉장실에 넣어서 차갑게 만든다. 생크림이 녹지 않도록 식히는 것이다.

14 필링을 준비한다. 딸기는 4~6조각으로 자른다. 볼에 생크림과 그래뉴당을 넣고, 볼 바닥을 얼음물이 담긴 볼에 겹쳐서 올린 채 핸드믹서로 80%까지 거품을 낸다.

15 생크림의 80% 정도 분량을 스펀지 시트 위에 올리고, 팔레트 나이프로 펴 바른다ⓓ. 스펀지 시트가 시작되는 부분의 1cm에는 생크림을 바르지 않고, 끝나는 부분의 1/3에는 생크림을 얇게 바른다.

16 시작되는 부분에서 2/3까지 딸기를 일정하게 가로 4줄로 늘어놓고, 생크림 속에 살짝 눌러 넣는다. 나머지 생크림을 펴 발라서 틈새를 메운다ⓔ.

17 크라프트지를 잡고, 단단한 심을 만들듯이 시작되는 부분부터 천천히 말아준다ⓕ. 생크림이 남았으면 스펀지 시트 양끝의 부족한 부분에 바른다.

18 크라프트지로 감싼 채 냉장실에 넣어서 30분 이상 차갑게 만든다. 하룻밤 동안 둘 때는 마르지 않도록 랩으로 감싼다.

19 불(또는 뜨거운 물)에 데운 빵칼의 날을 앞뒤로 움직이며 먹기 좋게 자른다.

20 데코레이션용 생크림의 재료를 14와 같은 방법으로 거품을 낸 다음 숟가락으로 떠서 롤 케이크 위에 올린다.

✅ **point**
위쪽 절반의 2/3 지점까지 반죽을 펴 바르고, 틀을 90도 돌려서 같은 방법으로 반복한다.

✅ **point**
말기 편하게 칼집을 넣은 스펀지 시트에 시럽을 바르는 수고를 더하면 더 맛있어진다.

ⓐ

ⓑ

ⓒ

✅ **point**
딸기 사이의 틈새를 생크림으로 메우면 깔끔하게 말 수 있다.

ⓓ

ⓔ

ⓕ

콩가루의 고소함과 보늬밤의 은은한 단맛이 어우러진

밤 콩가루 롤 케이크 냉장실에서 1~2일

사방 24㎝ 롤 케이크 틀 1개 분량

〈스펀지 시트〉
┌ 달걀노른자 2개 분량(40g)
└ 그래뉴당 15g
식물성 기름(생참기름 등) 15g
우유 25g
┌ 달걀흰자 2개 분량(70g)
└ 그래뉴당 30g
박력분 20g
콩가루 15g

〈시럽〉
그래뉴당 7g
뜨거운 물 13g

〈필링〉
생크림 120g
그래뉴당 12g
콩가루 8g
보늬밤 조림* 6개(약 120g)

〈데코레이션〉
생크림 80g
그래뉴당 8g
콩가루 6g

(*보늬밤 조림: 속껍질을 제거하지 않고
설탕물에 조린 밤(옮긴이))

미리 준비하기

• 달걀흰자는 볼에 담아서 냉장실에 넣어
  차갑게 만든다.
• 박력분과 콩가루는 함께 체로 친다.
• 롤 케이크 틀에 크라프트지를 깐다.
• 오븐은 180℃로 예열한다.

만드는 법

1 '딸기 롤 케이크'(p.128) 만드는 법 1~10과 같은 방법으로 반죽을 만들어서 스펀지 시트를 굽고, 한 김 식힌다. 단, 5에서 박력분과 함께 콩가루를 넣는다.

2 시럽을 만든다. 내열 용기에 그래뉴당과 뜨거운 물을 넣고, 숟가락으로 저어서 녹인 다음 식힌다.

3 스펀지 시트 바닥면의 크라프트지를 벗기고, 빵칼로 아주 얕게(약 1 ㎜) 1~2㎝ 간격으로 길게 칼집을 넣는다. 스펀지 시트가 끝나는 부분의 단면은 비스듬히 잘라낸다.

4 스펀지 시트에 시럽을 솔로 바른다. 냉장실에 넣어서 차갑게 만든다.

5 필링을 준비한다. 볼에 생크림과 그래뉴당을 넣고, 콩가루를 체로 쳐서 넣는다ⓐ. 볼 바닥을 얼음물이 담긴 볼에 겹쳐서 올린 채 핸드믹서로 80%까지 거품을 낸다.

6 생크림의 80% 정도 분량을 스펀지 시트 위에 올리고, 팔레트 나이프로 펴 바른다. 스펀지 시트가 시작되는 부분의 1㎝에는 생크림을 바르지 않고, 끝나는 부분의 1/3에는 생크림을 얇게 바른다.

7 시작되는 부분에서 1/3까지 보늬밤을 일정하게 가로 1줄로 늘어놓고, 생크림 속에 살짝 눌러 넣는다.

8 나머지 생크림을 보늬밤의 위아래에 펴 발라서 틈새를 메운다ⓑ.

9 크라프트지를 잡고, 단단한 심을 만들듯이 시작되는 부분부터 천천히 말아준다. 생크림이 남았으면 스펀지 시트 양끝의 부족한 부분에 바른다.

10 크라프트지로 감싼 채 냉장실에 넣어서 30분 이상 차갑게 만든다. 하룻밤 동안 둘 때는 마르지 않도록 랩으로 감싼다.

11 데코레이션용 생크림의 재료를 5와 같은 방법으로 거품을 낸 다음 고무주걱으로 떠서 롤 케이크 윗면에 대강 바른다. 속에 말아 넣은 생크림보다 조금 묽게 만들어서 바르면 예쁘다.

12 불(또는 뜨거운 물)에 데운 빵칼의 날을 앞뒤로 움직이며 먹기 좋게 자른다. 한 번 자를 때마다 키친타월로 크림을 닦아내면 깔끔하게 자를 수 있다.

바삭바삭한 타르트지가 고소한

Tart

타르트

초콜릿 타르트

타르트지 반죽을 밀어서
틀과 빈틈이 생기지 않도록
옆면에 꼼꼼히 붙인다.

일반적인 레시피로 만들면	 marimo 레시피로 만들면
○ 타르트지가 딱딱해진다.	◆ 바삭바삭한 타르트지와 매끈한 크림의 조화가 절묘하다.
	◆ 타르트지도 필링도 시크한 블랙이라 어른의 취향에 맞는다.

초콜릿크림이 입 안에서 감미롭게
녹아드는

초콜릿 타르트

냉장실에서 2~3일

📋 재료

지름 15cm 원형 틀 1개 분량 ※ 바닥 분리형 틀을 사용한다.

〈타르트지〉
무염 버터 30g
슈거파우더 15g
달걀 5g
┌ 박력분 40g
└ 코코아가루 4g

〈필링〉
초콜릿 75g
생크림 60g
물엿 15g
무염 버터 35g
(취향에 따라) 브랜디 1/2작은술(3g)

〈데코레이션〉
코코아가루 적당량
피스타치오 적당량

🍳 미리 준비하기

• 오븐용 유산지를 틀에 맞춰 둥글게 자르고, 중심을 향해서 테두리에 약 4cm의 가위집을 넣는다.
• 오븐은 180℃로 예열한다.

 만드는 법

1 볼에 버터를 넣고, 상온(약 20℃) 상태로 만든다. 버터가 단단하면 고무주걱으로 으깨서 매끈해질 때까지 풀어준다.

2 슈거파우더를 2회에 나누어 넣고, 넣을 때마다 거품기로 섞는다ⓐ. 반죽이 하얗게 변하면 된다.

3 풀어둔 달걀을 넣고, 거품기로 섞는다.

4 체로 친 박력분과 코코아가루를 넣고, 고무주걱의 날을 세워서 잡고 반죽을 자르듯이 섞는다ⓑ. 날가루가 보이지 않으면 반죽이 완성된 것이다. 고무주걱으로 반죽을 볼에 누르며 펴 발라서 매끈하게 만든다.

5 반죽을 원기둥 모양으로 뭉친 다음 누르고ⓒ, 랩 2장 사이에 넣는다. 반죽이 부드러워지면 냉장실에 넣어서 약 10분간 차갑게 만든다.

6 반죽을 돌리며 밀대로 둥글게 민다ⓓ. 틀보다 살짝 크게 민다ⓔ.

7 반죽 아래쪽 랩을 벗기고, 위쪽 랩은 씌운 채 틀에 넣어서 옆면에 반죽을 세우며 붙인다ⓕ. 틀 바깥으로 튀어나온 반죽은 엄지손가락으로 눌러 잘라서 타르트지의 모양을 잡는다ⓖ. 잘라낸 반죽은 틀에 붙인 반죽의 부족한 부분에 채워 넣는다.

8 포크로 반죽 전체에 구멍을 내고, 냉장실에 넣어서 약 10분간 차갑게 굳힌다.

9 오븐용 유산지를 반죽 위에 깔고, 누름돌(없으면 팥으로 눌러서)을 채운다ⓗ. 오븐 팬에 틀을 올리고 오븐에 넣는다. 약 12분간 굽고, 누름돌을 제거한 다음 약 10분간 더 굽는다.

10 틀째 식힘망에 올려서 식힌다.

11 필링을 만든다. 볼에 초콜릿을 넣고, 중탕으로 녹인다. 다 녹으면 중탕용 뜨거운 물을 갈아서 약 45℃로 만든다.

12 내열 볼에 생크림과 물엿을 넣고, 600W 전자레인지로 약 30초간 가열한다. 숟가락으로 저어서 물엿을 녹이고, 약 45℃로 만든다. 11에 넣고, 거품기로 살살 섞는다.

13 상온(약 20℃) 상태로 만든 버터를 넣고, 거품기로 살살 섞는다. 브랜디를 넣어서 섞고, 타르트지에 붓는다ⓘ. 냉장실에 넣어서 1~2시간 동안 차갑게 굳힌다.

14 틀에서 빼내고, 작은 체로 코코아가루를 뿌린다. 다진 피스타치오로 장식한다.

point
박력분을 자르듯이 섞으면 밀가루에 점성이
생기지 않아서 바삭바삭한 식감이 난다.

 point
원기둥 모양으로 만들어
평평하게 누르면 반죽을 둥글게 밀기 편하다.

 point
반죽이 틀에 딱 맞는 양이라 남지 않고 알맞
은 두께로 타르트지를 만들 수 있다.

point
틀의 구석까지 반죽을 채워 넣으며 랩 위에
서 살살 붙인다.

마치며

맛있는 구움과자로 근사한 시간을 보내요

친구들이 구움과자 만드는 방법을 알려달라고 한 건 7년 전의 일이었어요. 친구네 집 주방을 빌려, 셋이서 파운드 케이크를 만들었을 때 '내가 가진 기술과 지식을 알려주니 상대방도 기뻐하고 나도 즐겁구나!'라는 생각이 들었어요. 제과를 직업으로 삼는 것을 꿈꾸게 만든 순간이기도 했답니다. 다음 해에 감사하게도 베이킹 클래스의 강사로 일할 기회를 얻었고, 그 후 저만의 작업실을 마련해 베이킹 클래스를 열었습니다.

베이킹 클래스는 매달 즐거운 마음으로(때로는 멀리서 고속 열차를 타고 와서!) 참여하는 수강생 여러분 덕분에 수업을 월 10회 이상 진행하기도 했답니다(일본에서 이 책이 출간된 2022년 1월에는 비정기적으로 온라인 수업을 진행 중). 그런데 매번 제가 샘플을 만들어도, 어떤 수업에서는 완성도가 조금씩 달라졌어요. 똑같은 레시피로 만드는데 왜 그럴까 생각해보니 '달걀의 온도'가 원인이더군요. 실온에 둔 달걀은 그날의 기온에 따라 온도가 달라져서 거품이 올라오는 정도가 다르고, 반죽이 부풀어 오르는 정도에도 차이가 났어요.

그래서 그런 차이가 생기지 않도록 '꼭 알아야 할 포인트'를 찾아내기로 했습니다. 달걀의 온도는 '25℃'로 정하고, 핸드믹서로 '3분간' 섞기. 사소한 것 같아도 이 포인트만 잘 알아두면 되니 마음 편히 작업할 수 있고, 수강생들도 맛있는 구움과자를 수월하게 만들 수 있게 됐어요. 이러한 '포인트'를 이 책의 레시피에 상세히 기재했습니다.

포인트를 따라 작업하면 매번 안정적으로, 매번 똑같은 맛으로 맛있는 구움과자를 만들 수 있다는 점을 여러분도 느꼈으면 좋겠습니다.

제가 '꼭 알아야 할 포인트'가 있는 레시피를 고안해낸 건, 언제나 열심히 수업에 참여하는 수강생 여러분 덕분이에요. 감사합니다.

그리고 이 책에는 파운드 케이크와 쿠키의 맛, 레몬 케이크의 글라스 아 로를 끼얹는 방법 등 인스타그램 팔로워님들께 설문 조사를 해서 정한 레시피도 있어요. 여러분, 항상 응원해주셔서 감사해요. 앞으로도 재미있는 게시물을 많이 올릴게요.

마지막으로 멋진 사진을 찍어주신 미키 님, 구움과자의 매력을 살리는 스타일링을 도와주신 사사키 님, 책을 예쁘게 완성해주신 디자이너 다카하시 님, 이 책을 내게 된 계기를 마련해주시고 보기 쉽게 편집해주신 KADOKAWA의 하라다 님, 정말 감사합니다.

그리고 모든 스태프 여러분, 제가 가장 사랑하는 친구들, 언제나 절 지지해주는 가족에게도 감사의 마음을 전합니다.

이 책을 만난 여러분의 일상에 근사한 시간이 깃들길 바랍니다.

marimo

HOME
BAKING
SECRET
CLASS

홈 베이킹 시크릿 클래스

초판 1쇄 발행 2023년 2월 15일

지은이 marimo
옮긴이 조수연
펴낸이 김영조
책임편집 김희현
콘텐츠기획팀 김희현
디자인팀 정지연
마케팅팀 김민수, 구예원
제작팀 김경묵
경영지원팀 정은진
펴낸곳 싸이프레스
주소 서울시 마포구 양화로7길 44, 3층
전화 (02)335-0385/0399
팩스 (02)335-0397
이메일 cypressbook1@naver.com
홈페이지 www.cypressbook.co.kr
블로그 blog.naver.com/cypressbook1
포스트 post.naver.com/cypressbook1
인스타그램 싸이프레스 @cypress_book
　　　　　　싸이클 @cycle_book

출판등록 2009년 11월 3일 제2010-000105호

ISBN 979-11-6032-194-4　　13590